지리학자가 �쓴
도시의 역사

지리학자가 쓴
도시의 역사

초판 1쇄 발행 | 2011년 12월 14일

지은이　 | 남영우

펴낸이　 | 김선기
펴낸곳　 | (주)푸른길
출판등록 | 1996년 4월 12일 제16-1292호
주소　　 | 137-060 서울시 서초구 방배동 1001-9 우진빌딩 3층
전화　　 | 02-523-2907
팩스　　 | 02-523-2951
이메일　 | pur456@kornet.net
블로그　 | blog.naver.com/purungilbook
홈페이지 | www.purungil.co.kr

ISBN 978-89-6291-182-4　 93980

이 도서의 국립중앙도서관 출판시도서목록(CIP)은 e-CIP홈페이지(http://www.nl.go.kr/ecip)와 국가자
료공동목록시스템(http://www.nl.go.kr/kolisnet)에서 이용하실 수 있습니다.(CIP제어번호:
CIP2011005222)

지리학자가 쓴
도시의 역사

남영우 지음

푸른길

머리말

역사에 대한 생각이 사람에 따라 다양하듯이 도시에 대한 생각 역시 사람에 따라 다양하다. 그것은 역사적 사실에 대한 해석이 역사관歷史觀에 따라 다를 수 있기 때문일 것이다. 그와 마찬가지로 도시를 보는 관점도 학문분야에 따라 다를 수 있다. 그러나 저자는 도시관都市觀보다 역사관의 해석차이가 스펙트럼이 더 넓을 것이라고 생각한다.

인류는 지금까지 수많은 위대한 발명품을 창조해 왔지만, 그 중에서 가장 위대한 산물은 도시일 것이다. 그래서 카우퍼J. M. Cowper가 말한 것처럼 "신은 자연을 만들었고, 인간은 도시를 만들었다"는 지적이 실감이 난다. 도시는 인류의 지혜와 문화의 총체라 할 수 있다. 인류의 문명은 도시에서 만들어졌다고 보아야 한다. 그런 까닭에 인류문명사는 도시문명사와 동일시되는 것이다. 그럼에도 불구하고 역사가들은 도시의 역사에 대해서는 지리학자에 비해 그다지 관심을 기울이지 않는 것 같다.

저자는 일찍부터 도시를 지리학적 관점에서 해석하는 작업에 몰두해 왔다. 도시지리학 연구를 거듭할수록 도시의 역사에 관심을 기울이게 되었다. 도시의 본질을 이해하기 위해서는 현대도시에 관한 연구만으로 부족하다는 생각이 들었기 때문이었다. 그리하여 동양과 서양의 고대도시와 중세도시를 답사하기 위해 아시아 · 유럽 · 아프리카 · 북미와 남미를 누비고 다녔다.

저자의 능력 탓에 본서에는 수많은 도시 가운데 그 일부만 담았다. 나머지 도시에 대한 연구는 후일을 기약하고 싶다.

저자는 도시연구의 궁극적인 목적이 "사람들은 왜 도시를 만드는가? 사람들은 왜 도시에 사는가? 사람들은 왜 도시로 모이는가?"에 있다고 보고, 그 목적이 이해되면 "사람들이 도시에 사는 의미는 무엇인가?"를 규명할 수 있으며, "그렇다면, 도시란 무엇인가?"에 대한 해답을 얻을 수 있다고 생각하였다. 본서는 이에 대한 부분적 해답을 지리학적 시각에서 제시한 것이다. 그러므로 지리학 연구자뿐만 아니라 도시에 관심 있는 독자라면 일독의 가치가 있으리라 생각된다.

끝으로 이 책이 해외답사나 여행을 즐기는 일반인에게도 도움이 되었으면 한다. 출판을 위해 도와주신 여러 분들과 푸른길 김선기 사장님께 감사드리며, 교정작업을 도와준 고려대학교 대학원 곽수정·나유진 양과 정성껏 편집해준 박이랑 씨께도 심심한 사의를 표하고 싶다.

2011년 7월
안암동 연구실에서 저자 씀

차례

제1부

고대 도시

"사람들은 왜 도시를 만드는가?"

"사람들은 왜 도시에 사는가?"

"사람들은 왜 도시로 모이는가?"

⋮

"사람들이 도시에 사는 의미는 무엇인가?"

⋮

"그렇다면, 도시란 무엇인가?"

인류 최초의 도시적 취락

차탈휘위크

차탈휘위크 발굴의 중요성

차탈휘위크라는 지명은 일반인들은 물론 지리학도에게도 생소한 지명이다. 더욱이 그곳이 인류취락의 기원이라고 한다면 더 의아해질 것이다. 그 이유는 지금까지 인류 최초의 고대도시가 퍼타일 크레슨트Fertile Crescent[1] 일대에서 그 기원을 찾을 수 있는 것으로 생각되어 왔기 때문이다. 인류의 문명 역시 그곳에서 비롯되었다고 알려진 것은 대부분의 역사기록과 발굴성과에 근거하고 있다.

에리두 · 우르 · 바빌론 · 예리코 등은 모두 퍼타일 크레슨트에서 발생한 취락들이다. 이들 고대도시의 대부분은 메소포타미아에서 발생하였으므로 고대문명의 발상지를 이곳으로 규정한 것이다. 그러나 고대도시는 그렇다

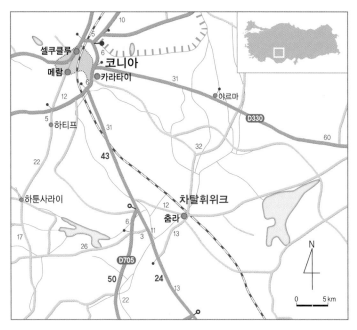

차탈휘위크 지도

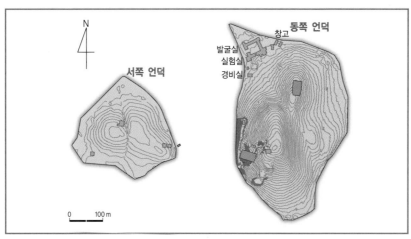

그림 1–1. 차탈휘위크 유적 발굴지의 분포와 고도

하더라도 고대취락의 경우는 일찍이 아나톨리아Anatolia 고원의 차탈휘위크Çatalhöyük와 이란의 테페야야Tepeyaya 등과 같이 메소포타미아 또는 퍼타일 크레슨트 이외의 지역에서도 발생하였다.

터키 아나톨리아 고원의 남부에 위치한 차탈휘위크의 유적지는 1958년 멜라트J. Mellaart 및 프렌치D. French와 그들의 동료들에 의해 처음으로 발견되었다. 첫 번째 발굴작업은 1961~1965년에 걸쳐 영국 앙카라 고고학연구소BIAA의 주관 하에 멜라트가 주도하였다. 나지막한 언덕을 이루고 있는 유적지 서쪽에서 몇 가지 실험적 발굴조사도 이루어졌으나, 그보다 규모가 더 큰 언덕 동쪽의 발굴에 주력하였다.

그림 1–1의 동쪽의 유적지는 신석기시대 전기의 것이지만, 서쪽은 그 후기에 해당하는 유적이다. 동쪽 언덕의 유적은 1999년 7월 저자가 아시아에서는 처음으로 대한국토·도시계획학회 답사단 일행과 함께 방문하였을 때에는 전체의 4%만이 발굴된 상태였지만, 이 유적지의 중요성은 기네스북에 등재되는 것은 물론이거니와 각계각층으로부터 인정받았다. 특히 멜라트[2]

의 저서 『차탈휘위크 : 아나톨리아의 신석기 취락』은 이 유적지의 중요성이 국제적으로 인정받는 계기를 제공하였다.

12개 유적층에서 수백 개의 건물이 동쪽 언덕의 남서부에서 발견되었으나, 1965년부터 이 유적지는 터키 정부에 의해 보호를 받게 되었다. 그 이유는 그림 1-3에서 보는 바와 같이 평지에서 14층 빌딩 높이에 해당하는 유적지의 언덕이 수많은 방문객과 토양침식으로 중대한 손상을 입었기 때문이었다. 더욱이 최근에 축조된 대규모의 배수시설은 유적지를 더욱 훼손시키는 결과를 초래하였다. 이에 대하여 터키 문화부는 1993년 **BIAA**와 두 형제 J. Mellaart와 A. Mellaart의 개인적 지원하에 이 유적지의 발굴작업을 호더 I. Hodder[3]에게 승인하였다.

그림 1-2. 대한국토·도시계획학회 차탈휘위크 유적답사단(1999년 7월)

이 발굴 작업의 참가자와 후원단체는 BIAA와 터키 정부 이외에도 영국 케임브리지 대학 고고학과, 미국 버클리 대학 차탈휘위크 고고학자 모임 BACH을 비롯하여 쉘 석유회사, IBM, 보잉사, VISA, 영국 항공사 등의 기업들이 포함되어 있다. 그리고 터키 중동 공과 대학의 협력국인 영국·미국·그리스·독일·남아프리카 공화국 등과 국제적 공동연구로 진행되고 있는 이 프로젝트는 유적지의 중요성 때문에 많은 인원과 다양한 스폰서들이 참여하고 있다.

상기한 단체들은 차탈휘위크의 발굴과 연구 성과에 대하여 각별한 관심을 쏟고 있다. 관심분야가 각기 다르기 때문에 그 내용을 전부 소개할 수 없으나, 여기서는 그들 중 중요하다고 생각되는 여섯 개의 그룹에 대하여 소개하기로 하겠다.

첫 번째 그룹은 터키 정부로부터 가장 중요한 유적지로 손꼽히는 차탈휘위크를 보호하고 발굴된 유물을 보존하며 발굴 결과를 세상에 알리는 데 주력하고 있는 이들이다. 1960년대에 발굴된 중요한 예술품과 벽화는 앙카라 아나톨리아 문명 박물관과 코니아Konya 고고학 박물관에 전시되어 있다.

두 번째 그룹은 누구보다도 이 지역 주민들일 것이다. 차탈휘위크 유적지는 코니아로부터 약 10km 떨어진 퀴치쾨이Küçükköy 마을에 사는 주민들이자, 셀죽 대학의 학생들이 발굴원으로 이 프로젝트에 참여하고 있다. 행정

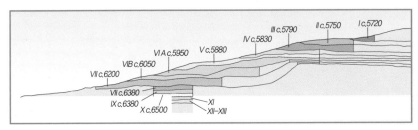

그림 1-3. 차탈휘위크 유적지의 시기별 층 구분(B.C.6500-B.C.5720): I시기-XIII시기의 12개 층

그림 1-4. 아나톨리아 문명 박물관

구역상 춤라Çumra시의 관할권에 위치한 이 유적지의 발굴에는 많은 사람들의 도움이 있었다. 그들은 유적지 개발에 힘입어 수많은 관광객이 찾아오게 되어 경제적으로 혜택이 있을 것으로 기대하고 있다. 또한 코니아 시는 차탈휘위크 개발을 둘러싸고 이 지역의 중심도시로서 중요한 역할을 담당하게 될 것이다.

세 번째 그룹은 이 유적지의 발굴작업이 진행됨에 따라 학문적 관심을 갖기 시작한 학자들이다. 멜라트가 주도한 발굴작업은 서남아시아 퍼타일 크레슨트 지역 이외에 존재했던 초기농업의 유적지라는 점에서 특별한 중요성을 갖는다. 차탈휘위크의 유적 탐사는 춤라 일대 어느 곳에서라도 신석기 유적지가 발견될 가능성을 시사해 준 셈이다. 더욱이 이 유적지는 고고학자들이 발굴된 예술품과 상징물이 의미하는 바를 생각하게 함은 물론 고대사회를 이해하는 데 도움을 줄 것이다. 그뿐만 아니라 이곳에는 초기 농업형태를 설명해 주는 동물분포 및 식물학적 유물을 비롯하여 당시의 환경을 유추케 하는 의복·목기·철기·건축·매장의식·취락의 공간 패턴 등과 같은 전문적인 고고학적 유물이 풍부히 매장되어 있다.

네 번째 그룹은 차탈휘위크가 여성에게 대단히 중요한 의미를 가질 것이라고 말하는 페미니스트들이다. 이 그룹은 대체로 종교적 목적을 가지고 이 유적지로 몰려드는 여신숭배자女神崇拜者들과 여성과 지구·환경 보호 사이에 어떤 관련성이 있을 것으로 믿는 생태페미니스트eco-feminist, 차탈휘위크가 신석기 시대에 모계사회였을 것으로 추정하는 페미니스트들로 세분된다. 이들이 주장하는 차탈휘위크는 바꿔 말하면 남자보다 여자가 우월적 지위를 누린 사회였다는 것이다. 차탈휘위크의 여성역할에 관해서는 뒤에 다시 언급하도록 하겠다.

다섯 번째 그룹은 이 유적지가 카펫의 기원지일 것이라고 믿는 사람들이다. 차탈휘위크와 인접한 코니아는 카펫 생산과 카펫 시장의 중심지 가운데 하나이다. 오늘날 카펫의 기원지로 지목되는 나라는 여러 나라가 있지만, 많은 사람들이 비록 9,000년이란 장구한 세월이 흘렀음에도 불구하고 카펫예술의 전통이 차탈휘위크에서 유래되었다고 믿고 있다.

여섯 번째 그룹은 차탈휘위크의 유적지를 보러오는 국내 관광객 및 외국 관광객들과 이들에게 시설을 제공해 주는 기관이다. 그 대표적 기관은 '코체방크 차탈휘위크 박물관'이다. 이들 그룹은 각기 다른 배경과 다양한 관심사를 갖고 있으며, 아울러 이러한 다양한 욕구를 충족시킬 수 있는 경험이 이 유적지를 통하여 제공되길 기대하는 이들이다.

취락의 형성 요인

중앙 아나톨리아 지방의 코니아 시 근처에 위치한 차탈휘위크 주민들은 약 9,000년 전에 독특한 형태의 주택을 건설하고 그들 특유의 미술품과 상징물을 만들기 시작하였다. 돌연히 등장한 그들은 선사시대 초기에 해당하는 농경정착민이었다. 발굴 결과, 그들은 양·염소·소 등의 가축을 사육하는 동시에 차탈휘위크 일대의 풍요로운 늪지대에서 야생동물을 사냥하거나 야생의 과일·감자 등의 채집에 많은 시간을 소비하였던 것으로 추정되었

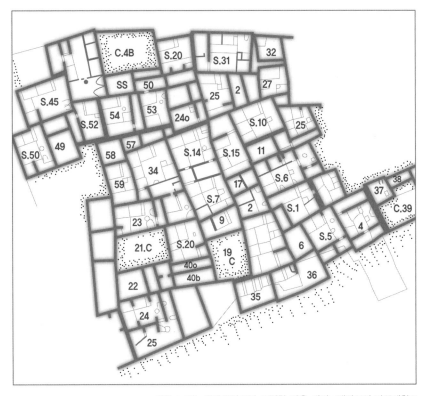

그림 1-5(1). 차탈휘위크의 조밀한 가옥 배치 : 멜라트의 발굴계획도

다. 그들은 목축과 수렵, 농업과 채집을 병행한 셈이다.

차탈휘위크 주민들은 5,000~10,000명 정도가 공동체를 형성하여 고대도시의 초기형태를 이루었다. 선사시대의 취락규모로는 매우 큰 편이다. 수천 세대들은 그림 1-5에서 보는 것과 같이 13.5ha약 4만 평의 공간에 조밀하게 모여 있는 사각형 형태의 주택에서 거주하였으며, 하나의 주택을 약 100년 정도 사용한 후에 그것을 메우거나 부쉬버리고 다시 그 위에 새로운 주택을 건설하였다.

이러한 과정이 약 1,000년간 반복된 결과, 이곳에는 고도 20m에 달하는 언덕이 형성되었다. 초기의 주택은 길과 공터를 확보하여 여유 있게 배치되었으나, 인구가 증가함에 따라 주택 사이의 간격이 좁아지기 시작하였다. 그 결과, 대부분의 주택은 이웃집과 벽을 맞대어 건설되었고, 주택의 출입은 지붕에 구멍을 뚫어 이루어졌다. 이 구멍은 출입구인 동시에 부엌의 화덕과 방의 벽난로로부터 나오는 연기를 배출하는 굴뚝으로도 이용되었다.

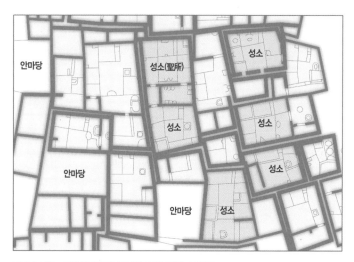

그림 1-5(2). 차탈휘위크의 조밀한 가옥 배치 상세도

그림 1-6. 차탈휘위크의 상상도: 9,000년 전의 모습

이에 따라 가옥 내부는 연기가 자욱하게 되어 사람의 건강을 해치게 되었을 것이다. 이 사실은 시신의 폐에서 시커먼 그을음의 흔적이 발견됨으로써 확인되었다.

최근 2000년대 미시Meece[4]의 발굴보고에 의하면 화덕의 형태가 원형에서 사각형으로 바뀌었음을 알 수 있는 유적이 발견되었다. 이는 시간이 경과함에 따라 화덕의 중요성이 커졌음을 의미하는 것이다. 즉 취사의 빈도가 많아졌음을 뜻하는 것으로 식량 조달이 개선되었거나 기후변화가 있었음을 암시하는 것이다.

발굴단은 퀴치쾨이 일대에 차탈휘위크와 같은 유적지가 이밖에도 또 있을 것인가에 주목하였다. 베어드D. Baird가 지휘한 초기 유적탐사 결과, 이곳

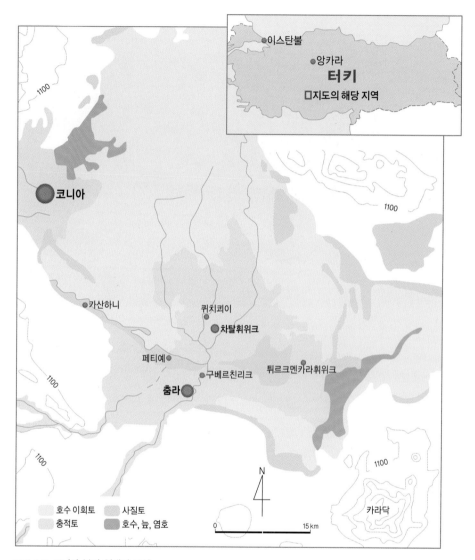

코니아

1100

이스탄불
앙카라
터키
□지도의 해당 지역

1100

카산하니

퀴치쾨이
●**차탈휘위크**

페티예
구베르친리크
춤라
튀르크멘카라휘위크

1100

1100

N

카라닥

호수 이회토	사질토
충적토	호수, 늪, 염호

0　　　　　　15 km

그림 1-8. 코니아 분지 일대의 토양

그림 1-9. 구글 어스로 본 차탈휘위크 유적지: 중앙의 유적지가 주변보다 높다.

차르삼바 선상지에서는 또 다른 대규모의 유적지를 발견하지 못하였다. 그러나 소규모 유적지는 베어드 일행이 현재 발굴 중에 있다. 유적지는 선상지에 위치하여 충적층으로 덮여 있으므로 발견하기가 힘들다. 현재로서는 차탈휘위크가 내용이나 규모로 보아 가장 주목할 만한 유적지라 여겨진다.

가장 중요한 관심사는 사람들이 이 지역에 집단적으로 거주한 이유일 것이다. 확실한 이유는 아직 밝혀지지 않았지만 배후습지로 둘러싸인 이 유적지는 주변보다 고도가 약간 높으므로 유일하게 취락을 조성할 만한 마른 땅의 공간이다. 그리고 많은 사람들이 방어를 목적으로 모여 살았을 것으로 추정된다.

멜라트는 1960년대의 발굴결과를 분석하여 차탈휘위크 주민들이 방어를 위해 주택의 벽을 견고하게 축조하거나 출입구를 지붕에 만들고 가옥과 가옥을 붙여서 배열함으로써 성곽효과를 내도록 고안했다고 주장하였다.[5] 그러나 1990년대의 발굴결과, 출입구의 위치와 가옥배치가 방어의 목적이 아닌 것으로 밝혀졌다. 아시클리 휘위크Asikli Hüyük에서 발견된 것과 같은 성곽의 흔적이 차탈휘위크에서는 발견되지 않았으나, 전쟁이 있었던 증거는 일부나마 발견되었다. 건물을 빼곡하게 붙여 지은 이유는 여름철의 햇볕차단과 겨울철의 추위를 막기 위한 목적도 있었던 것 같다.

이 유적지의 발굴이 완전히 종료되면 밝혀지겠지만, 차탈휘위크가 대규모 취락을 형성한 이유는 무엇보다도 이 일대의 풍부한 자원 때문이었을 것으로 추정된다. 우선 풍부한 물은 생활용수와 농업용수로 사용되었을 것이며, 각종 식물과 동물은 채집과 수렵 혹은 가축화의 대상이었을 것이다. 그리고 하천 주변의 충적지대는 비옥하여 농경에 적합하였을 것이다. 만약 이

그림 1-7. 차탈휘위크 유적지 동쪽 언덕의 정상: 화산이 폭발했던 하산 닥이 멀리 보인다.

들이 집단취락을 형성한 이유에 다른 것에 있다면, 그것은 흑요석이나 사회적 요인에서 찾을 수 있을 것으로 사료된다.

카미즐리Camizuli의 조사 결과에 의하면,[6] 차탈휘위크 유적지가 위치한 코니아 분지는 과거 커다란 규모의 호수가 있었던 까닭에 이회토泥灰土가 널리 분포하며 차르삼바 강 주변에는 충적토가 흩어져 있다. 과거와 현재의 하천의 영향으로 사질토 역시 곳곳에 있으며 늪지대와 염호가 호수 주변에 분포하고 있다. 차탈휘위크 유적지가 위치한 지역은 대부분이 충적층을 이루고 있다.

가옥구조

차탈휘위크의 주택은 주요 건축재가 흙벽돌과 목재인 것으로 밝혀졌다. 특히 초기 유적층에서 발굴된 벽돌은 길고 얇았는데, 그것은 진흙과 짚을 섞어 만든 것이었다. 벽을 쌓던 벽돌 크기는 작았지만, 벽의 상단을 덮는 벽돌은 초기의 것보다 더 두껍고 작아졌으며, 그 두께는 오늘날의 그것보다 더 얇았다. 이란 남부에서 발굴된 바 있는 테페야야 유적지의 경우는 벽돌 두께가 후대로 갈수록 얇아지고 그 폭은 넓어지는 경향을 보였다. 램버그 칼라브스키Lamberg-Karlovsky에 의하면,[7] 테페야야 유적지의 인류주거는 B.C. 4000~A.D. 400년에 걸쳐 장기간 지속되었다.

흙벽돌을 쌓아 만든 지붕은 경사 없이 편평하게 만들었고, 목재로 만든 서까래에 갈대와 진흙을 덮었다. 이와 같은 지붕의 형태는 오늘날 아나톨리아 지방에서 흔히 볼 수 있다. 그것은 지붕에서 일상생활을 할 수 있도록 하기 위해 편평하고 넓게 만든 것인데, 차탈휘위크를 중심으로 한 코니아 평원 일대에서는 오늘날에도 9,000년 전과 같이 편평한 지붕 위에서 가축을

그림 1-10. 오늘날 터키 농촌의 가옥 경관: 지붕이 편평한 것이 특징이다.

사육하고 있다. 방안은 채광이 안 되는 탓에 햇볕이 들지 않아 어두컴컴하였다. 뿐만 아니라 메소포타미아의 우르Ur 주민들도 동일한 형태의 지붕을 만들어 살았는데 그들은 낮에는 주로 지붕 위에서 생활하였다.

흙벽돌로 만든 벽은 이 지역에서 손쉽게 구할 수 있는 진흙으로 내부를 발랐으며, 겨울철 코니아 평원의 추위에 대비하여 매년 봄에 새롭게 벽토를 한 것 같다. 취락형성 초기에는 벽에 출입구를 만들었으나, 많은 주택들이 밀집하여 둘러쌈에 따라 지붕 위에 출입구를 만들게 되었다. 이와 같은 독특한 구조는 방어목적을 위해 고안된 것 같지는 않다. 지붕의 출입구는 건물의 남쪽 방향에 배치하고 오르내리기 위해 사다리를 설치하였다. 결과적

Establo

Vertederos
Los patios también
se utilizaban como
depósitos de
basuras

Depósito
Cada casa tenía un cuarto
más chiquito, que usaban
para almacenar cosas.

Sepultura
Los muertos s
intemperie y,
el cadáver, se

그림 1-11(1). 차탈휘위크의 취락경관 상상도

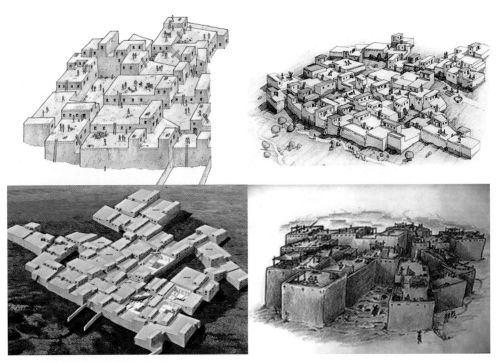

그림 1-11(2). 차탈휘위크의 취락경관 상상도

으로 동일한 구멍으로 부엌의 연기도 빠져나가고 사람도 출입한 셈이다. 발
굴단은 작업 도중 어떤 건물에서 사다리 바로 밑바닥에 파놓은 웅덩이를 발
견하였다. 이것은 눈 녹은 물과 빗물의 배수를 위해 고안된 것으로 판명되
었다.

건물의 남쪽 부분은 통상적으로 난로와 화덕, 맷돌과 저장시설이 배치된
곳이다. 저장시설의 규모가 비교적 크지 않은 것은 특정 자원에 의존하여
각 세대별로 자급자족했음을 의미하는 것이다. 어떤 경우는 음식 준비와 저
장을 위해 사용된 작은 방이 있었다. 건물의 북쪽에서는 무덤이 발견되었
고, 벽토를 친 청결한 바닥에서는 벽화와 조각품이 발견되었다. 각 주택은

그림 1-12. 차탈휘위크 가옥의 내부구조와 연기에 그을린 자국

부분적이긴 하지만 여러 개의 벽으로 나뉘어져 있는데, 이것은 각 개인이 독립적이고 소유 감각이 강했음을 시사하는 것이다. 또한 건물 내부를 벽으로 일부 차단하여 여러 개의 방을 확보하는 행위는 사용상의 편의를 도모하기 위한 점도 있었으며, 이것이 화재로 인한 매몰과 재건축의 반복을 가능케 하였다.

위의 그림 1-11에서 보는 것처럼 이용가능한 공간은 자투리 땅이라도 대부분 주택용으로 이용되었다. 발굴 결과, 약간의 길과 커다란 쓰레기 소각장이 발견되었다. 가축은 취락 내에서 사육되었으며, 작고 어린 가축은 방안에서 사람과 함께 생활하였다. 그러나 유적지의 대부분은 축사보다는 벌

그림 1-13. 차탈휘위크 가옥의 내부구조

집 형태를 한 주택으로 빼곡히 채워져 있었다.

 B.C. 6200~B.C. 6050년의 유적층을 탐사한 멜라트는 팔레스타인 지방의 선사취락과 달리 차탈휘위크는 계획된 취락일 것이라고 추정하였으나, 아직까지는 뚜렷한 증거를 발견하지 못한 상태이다. 이 지역 주민들은 주어진 공간에 적합하도록 건물을 배치하였고, 일반적인 법칙에 따라 가옥구조를 결정하였다. 노후화된 주택을 재건축하였으므로 주택의 배치는 시간이 경과해도 동일하였다. 그러나 주택의 건축기술은 시간이 지남에 따라 노하우가 축적되어 더욱 정교해졌다. 이것은 사회적 지위와 부富가 조상의 계보에 따라 세습화되어 갔음을 의미하는 것이다.

환경과 경제활동

로버츠N. Roberts가 주도한 차탈휘위크의 고환경古環境에 관한 연구는 당시의 코니아 평원이 차르삼바 차이Çarsamba Çay 강에 의해 형성된 충적평야인 비옥한 삼각주에 위치했었다는 사실을 입증하였다. 이 유적지는 충적작용이 시작된 후에 형성되기 시작하였고 인간이 거주하는 동안에도 충적이 계속되었다. 이곳과 조금 떨어져 있는 곳에는 야생사슴과 소 등이 서식하는 삼림지대가 펼쳐져 있다. 아나톨리아 고원은 대체로 스텝기후 내지는 습윤한 대륙성기후와 관련된 식생경관을 보이지만, 이 지역은 약간 상이한 식생경관을 나타내고 있었다.

동물분포와 고식물학·토양학적 자료는 터키 중부의 9,000년 전 선사유적지인 차탈휘위크의 생존전략을 파악하는 데 이용되어 왔다. 당시의 동물

그림 1-14. 유적지에서 발굴된 씨앗 저장용기: 작물화의 유력한 증거가 된다.

분포는 이 유적지의 일부가 스텝지역이었음을 말해 주고 있다. 이 일대는 소·양·염소 등이 많이 서식하였으며, 이들 가운데 야생동물과 가축화된 동물들이 공존하였다. 특히 소아시아는 아이작Isaac이 지적한 것처럼 염소·소 등의 기원지 중 하나이다.[8] 그러나 코니아 평원에 흩어져 서식하던 동물들은 시기별 가축화의 여부를 명확하게 가릴 수 없다. 그렇다 하더라도 차탈휘위크의 후기 유적층을 분석한 결과, 주민들의 동물 사육에 따라 가축이 증가한 것은 사실이다. 가축의 증가는 주민들에게 단백질 공급원이 되었을 뿐더러 토지생산성을 높여 주었을 것이다.

고생물학적 조사에 의하면, 이곳의 식생은 몇몇을 제외하고는 신석기시대와 현재의 식물형태가 대제로 일치한다. 이 지역의 괴경식물과 근경식물은 오늘날에도 풍부하게 분포하고 있다. 일반적으로 야생식물과 늪지식물의 생장은 토양과 침전물에 의해 좌우되는 경향이 있다. 이들 식물은 현재 유적지 주변의 배후습지에 자생하고 있으며, 배후습지는 점토질로 구성되어 있다. 풍부한 점토질의 진흙은 이 일대에 훌륭한 건축재를 제공하게 되었다.

대체적으로 아나톨리아 지방은 식량작물의 기원지에 포함될 수 있으며, 특히 차탈휘위크는 야생식물이 풍부한 습지에 위치해 있던 까닭에 초기농경인 원시농업에 적합하였을 것으로 추정된다. 아이작의 연구 결과, 아나톨리아 지방은 재배식물의 기원지 중 주요 중심지에 해당한다. 차탈휘위크 주민들이 농경생활을 영위한 사실은 유적지에서 발굴된 씨앗의 저장용기로 밝혀졌다.

차탈휘위크를 중심으로 한 코니아 일대의 유적지들은 서로 연계되어 있었다. 신석기시대에 각 취락들이 연계하는 방법은 물물교환을 통한 것이었다. 교역물품은 다양하였으나 특히 흑요석은 당시에 가장 귀중한 자원 중 하나였음이 틀림없다. 중앙 아나톨리아에서 채집된 흑요석은 칼·송곳·거

그림 1-15. 유적지 주택 출입구에서 발굴된 흑요석

울 등으로 이용될 수 있는 훌륭한 재료였다.

제이콥스J. Jacobs는 차탈휘위크에서 수렵인들의 전농업도시가 형성된 요인을 흑요석에서 찾아야 한다는 이른바 신흑요석 이론new obsidian theory을 제기한 바 있다.[9] 화산활동에 의해 생성된 흑요석은 다른 지역에서 그랬던 것처럼 농산물이나 다른 자원과 교환되었을 것이다. 고대도시의 성립요건 중 가장 중요한 것은 잉여 식량의 확보에 있다. 따라서 흑요석은 잉여 식량과 대등한 가치를 지니고 있었으며, 나아가 화폐로서의 기능도 지니고 있었던 것이다.

흑요석의 교역권은 B.C. 8000~B.C. 5000년 동안 터키 아나톨리아 남부는 물론이거니와 남쪽의 이스라엘, 요르단까지 포함되어 매우 광역적이었다. 그 후, B.C. 5500~B.C. 2500년 기간에는 그 배후지가 더욱 넓어진 사실이 햄블린Hamblin에 의해 밝혀진 바 있다.[10] 즉 서쪽으로는 크레타 섬의 크노소스

그림 1-16. 유적지에서 발굴된 각종 스탬프

로부터 동쪽으로는 메소포타미아의 북부까지 확대되었다. 흑요석의 대부분
은 차탈휘위크로 운반되어 가공하는 작업이 행해졌고 그 후 지배층에 의해
주민들에게 분배되었다. 각 세대는 분배받은 흑요석을 그림 1-15에서 보는
것과 같이 주택의 출입구에 구덩이를 파서 보관하였다.

　흑요석으로 만든 그릇은 고급품이었으므로 대부분의 주민들은 토기를 사용하였다. 토기는 이 유적지 일대의 풍부한 점토로 만들었으며, 각종 그릇과 컵 등의 생활용구로 사용된 민무늬토기였다. 토기 역시 교역의 대상이 되면서 질적으로 급속히 개선되었다. 한편, 주택건축 시에 사용된 목재는 타우르스Taurus 고산지대에 자생하는 노간주나무를 사용하거나 주변지역의 풍부한 팽나무를 사용하였다. 석재와 조개는 근처에서 채취한 것을 사용하거나, 부족한 양은 다른 지역으로부터 조달하였다. 작은 손도끼는 녹옥으로 만들었고, 칼은 다른 지역에서 조달한 부싯돌로 제작되었다. 그리고 장신구인 구슬을 만들기 위해서 다양한 재료들이 남부 아나톨리아 전 지역으로부터 입수되었다. 이와 같은 재료의 입수를 위해서는 흑요석이 위력을 발휘했을 것이다.

이상에서 고찰한 바와 같이 차탈휘위크는 교역 네트워크에서 형성된 취락임을 알 수 있다. 특히 흑요석의 교역권은 1,000km 떨어진 예리코에서도 발견될 정도로 광역적이었으며, 취락 간 물품교환은 문화의 전파에도 영향을 미쳤을 것이다. 이 유적지에서는 상품 혹은 위탁화물의 소유권을 뜻하는 징표가 발견되었다. 다른 지역 간 교역의 증거물이기도 한 징표는 교역품의 소유권을 밝히는 것으로 오늘날의 스탬프 혹은 영수증이나 로고에 상당하는 것이다. 이 스탬프는 소유권의 징표로서뿐만 아니라 장식품으로도 사용된 듯하다.

이와 같이 진흙으로 만든 스탬프는 메소포타미아에서도 더욱 정교해진 원통형의 모양으로 발견된 바 있다. 이 원통형 스탬프는 메소포타미아 고대도시와 인더스 강 유역의 고대도시 간에 교역이 있었음을 밝혀주는 증거물이 되었다. 그러나 이와 같은 교역의 규모는 이 유적지의 출현과 중요성을 뒷받침해 주기에는 충분한 설명이 되지 못한다.

지역공동체

차탈휘위크의 본질적 의미를 이해하기 위해서는 지역공동체의 또다른 측면을 고찰해 볼 필요가 있다. 여기서는 이 유적지에서 발굴된 벽화와 조각 등이 의미하는 상징성에 대하여 살펴보기로 하겠다. 발견된 발굴품 가운데 현대인이 음미해 보아야 할 점은 '정교한 장식물을 어떻게 해석할 것인가, 독수리는 왜 머리 없는 시체의 살코기를 쪼는 것일까, 목 없는 여인은 왜 표범가죽의 권좌에 앉아 있는 것일까, 벽화의 독수리 주둥이가 쪼는 것은 왜 여인의 가슴인가, 그들은 왜 시신을 볼썽사나운 족제비의 음경뼈로 묻었는가?' 등이다. 이들 상징물의 기묘함은 현대인들의 호기심을 불러일으키기에 충분하다.

예술의 상징성에 대한 의문은 다른 지역에서 발굴된 것과 연관시킴으로써 부분적으로 풀 수 있다. 차탈휘위크의 어떤 유적층은 아나톨리아 지방은 물론 에게 해 연안국의 문명을 묘사한 예술품도 포함하고 있었다. 이에 따라 이 유적지의 출토품과 크레타 문명의 황소숭배 혹은 시베레Cybele · 이시스Isis · 아테네Athena 문명의 여신숭배 간의 비교가 가능해졌다. 차탈휘위크의 예술품 중에는 4,000~6,000년 전의 것이 많은데, 유물들의 무수한 시간을 뛰어넘어 그 상징적 의미를 현대적 감각으로 이해하는 것은 용이한 일이 아니다.

차탈휘위크의 예술을 이해하는 일은 이 문명이 다른 지역의 고대문명에서 볼 수 있는 유형과 판이하기 때문에 난해한 측면이 있다. 차탈휘위크는 신전과 사제가 존재하는 국가종교의 형태를 갖춘 국가의 흔적이 발견되지 않고 있다. 오히려 차탈휘위크 사회는 다방면에서 볼 때 아프리카 수단의 누바Nuba 문명과 민속학적으로 유사하다. 누바의 메사킨Mesakin 유적지[11]에서 발굴된 각종 상징물은 사회적 계급분화와 물질적 풍요를 뜻하는 것들이었다.

소규모 사회에서 어머니의 존재는 대부분의 경우 사회적 유대관계에 대한 상징체로서 중요성을 갖는다. 모든 사회적 의리와 의무는 가족 내의 인간관계에서 비롯된다. 더욱이 고대사회에서 어머니와 어머니로 맺어진 관계는 모든 사회적 행동의 형태에 대한 하나의 모델로서 작용한다. 그러므로 어머니는 혈통의 계승과 출산에 있어서 중심적 위치에 있으며 제사의식에서도 중심적 역할을 담당하는 인물로 묘사된다. 그러나 그와 같은 사실이 어머니가 실제로 사회를 지배하거나 통제함을 의미하는 것은 아니다. 여자는 민속학적으로 상징적이며 중심적 인물인 반면, 남자는 권력을 장악하여 다른 사람과 지역을 통치하는 존재인 것이다.

발굴단은 유적지의 많은 무덤을 조사한 바 있는데, 조사결과 그림 1-17과 같이 가옥 내부 바닥에 묻혀있는 다량의 유골이 발견되었다. 그 건물은

표 1-1. 유적지에서 발굴된 앤젤과 페렘바흐의 연령별 유골 수

연령층	앤젤	%	페렘바흐	%
성인(18세 이상)	216	72	275	60
남성	75	(25)	115	(42)
여성	127	(42)	148	(54)
중장년	14	(5)	12	(4)
청년(12~17세)	23	8	12	3
유소년(12세 미만)	60	20	99	21
연령 불명	0	0	76	16
합계	299	100	462	100

*Düring, B. S., 2003, Burials in context: The 1960s inhumations of Çatalhöyük East, *Anatolian Studies*, 53, 1-15.

벽토를 친 횟수로 보아 약 40년간 사용된 가옥이었다. 유골의 주인공은 이 건물 주변에 흩어져 살던 동일한 혈통의 조상들이었을 것이다. 그리고 시신 중 젊은이는 그곳에서 살던 가족과 같은 시대의 사람들이었을 것으로 보인다. 또한 초기의 유적층에서 발견된 무덤에서는 어린이 유골이 많은 것으로 보아, 당시의 유아사망률이 매우 높았던 것으로 추정된다. 그러나 후기에 만들어진 무덤은 주로 늙은 사람들의 것이었다.

유적지에서 발굴된 유골에 대하여 앤젤L. Angel과 페렘바흐D. Ferembach의 두 학자가 분석을 한 바 있다. 이들의 연구 결과는 표 1-1에서 보는 바와 같이 차이가 있다. 두 학자의 연구 결과는 모두성인과 유소년의 비율이 높았다. 그러나 페렘바흐의 연구에서는 연령을 알 수 없는 유골이 있었다.

가장의 유골은 머리가 제거된 채로 건물 수명이 끝나 매몰된 주택에서 발견되었다. 유골의 주인공은 족제비 음경뼈로 묻히고 머리가 제거된 것으로 보아 종교적 권력을 가지고 있던 것 같다. 유골의 대부분은 머리 부분이 제거되지 않았다. 매장하기 전에 독수리가 시신의 살코기를 뜯어먹고 뼈만 남긴 것처럼 보이지만, 이는 실제 상황이라기보다는 신화에 바탕을 둔 것 같다. 머리 부분의 유골이 제거된 것은 벽화에도 묘사되어 있지만, 그들은 가장이거나 연장자 또는 종교지도자인 제사장祭司長들로 신으로부터 구원받기 위한 의식의 주인공들이었을 것이다.

건물 바닥에 매장된 사람들은 그들과 동일한 종족 내지 부족이었으며 성별·연령별 차이가 있는 것으로 밝혀졌다. 무덤 속의 부장품은 목걸이와 같은 장신구와 잘 다듬어진 도끼 등으로 목걸이는 젊은이와 여자의 유골에서 발견되었다. 시신은 의복과 끈으로 묶은 후 매장되었다. 해골의 치아를 조사한 결과 그들은 비교적 부드러운 음식을 먹었던 것으로 밝혀졌다. 또한 이 유적지에 거주하던 주민들은 빵을 땅바닥에서 만들지 않고 청결한 곳에서 조리하였다. 그들은 빵보다 감자류의 괴경을 묽은 죽의 형태로 조리하였

그림 1-17. 유골이 발견된 가옥(건물 1번 71번 방)의 감실과 무덤 위치

음이 분명하다. 육류 역시 구워 먹기보다는 끓여 먹었으며, 뼈는 잘게 썰어서 끓여 먹었다. 그것이 여러 명이 함께 먹을 수 있는 조리법이었을 것이다. 이와 같은 조리방법의 변화는 토기 제작을 필요로 하였다.

그림 1-17의 건물 1번 71번 방의 북서쪽 감실 바닥 밑과 동쪽의 청결 구역에서 무덤이 발견되었다. 이 방의 바닥 밑에서 64구의 유골이 묻혀 있었는데, 시신은 수의壽衣 또는 끈과 같은 천으로 감싼 경우도 있었다. 그들은 가족 중 누군가 죽으면 일정한 장소의 바닥에 구덩이를 파서 안치하였으므로 먼저 매장한 시신과 나중에 매장한 시신이 뒤섞이는 경우도 있었다. 이 방의 동쪽보다는 감실이 있는 북서쪽에서 더 많은 유골이 발견되었다. 감실 쪽

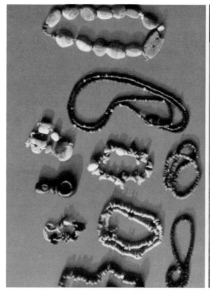

그림 1-18. 발굴된 각종 장신구와 유골

무덤이 동쪽 무덤보다 먼저 만들어진 것으로 특히 감실 쪽의 무덤에서는 대부분 젊은이의 유골이 발견되었다. 발굴단은 벽화의 내용과 젊은이 시신 간에 어떤 연관성이 있을 것으로 추정하였다.

71번 방의 발굴 결과에서 알 수 있듯이 차탈휘위크의 유아사망률은 매우 높았다. 유년층 인구 손실은 수렵·채집과 농경생활을 행하는 지역공동체에 있어서 노동력의 부족으로 이어졌을 것이다. 차탈휘위크에서 발굴된 미술품과 무덤 간의 관계를 규명하기 위해서는 민속학적 연구 결과를 참고해야 한다. 그 당시, 무당이나 제사장은 인간의 죽음이라는 비극적 상황에서 중요한 역할을 담당했을 것이다.

알타이족을 포함한 중앙아시아 유목민족은 죽은 자의 영혼을 달래기 위해 종종 그림을 이용하였다. 즉 그림을 그리는 행위와 그림을 바치는 행위는 그 자체가 죽은 자의 영혼을 진정시키는 일이었다. 특히 71번 방에서 발

그림 1-19. 벽에 장식된 황소머리: 벽을 통해 들어오는 동물을 암시한다.

견된 그림은 하나의 쟁점이 될 수 있다. 그 그림은 젊은이들의 혼백을 달래주기 위해 제작되었거나 죽은 자의 영혼을 보호하는 기능을 갖고 있었을 것이다. 가족들은 비록 좁은 공간이지만 방바닥 밑에 매장된 조상이나 가족과 감정을 공유하면서 식사하고 잠을 자는 등의 일상생활을 영위했던 것이다. 벽화의 내용은 제사장이 죽은 자의 영혼과 접촉하기 위한 일종의 메커니즘이었을 것이다. 그들은 죽은 자의 영혼이 강력한 힘을 빌어 부활할 수 있을 것으로 믿었다. 이와 같은 일련의 행위와 믿음은 제사라는 의식을 통하여 이루어졌다.

발굴단은 미술품의 의미를 어떻게 해석하든 벽화가 단순한 예술행위가 아니었음을 깨달았다. 그것은 유가족과 죽은 자의 접촉을 용이하게 만드는 역할을 한 상징물이었다. 이들 상징물은 차세대가 새로운 주택을 만들 때에 없애버렸다. 특히 무덤이 있는 방의 서쪽 벽은 대부분 파괴된 채로 발견되었다. 이 벽에는 황소와 여성의 조각품이 설치되어 있었다. 새 주택과 새로운 삶이 시작되기 전에 상징물을 제거한 것은 이들이 강력하고 불멸적 존재였음을 암시하는 것이다. 결국 연구팀은 차탈휘위크의 미술품이 조상의 영혼과 교류하기 위한 수단이었다는 가설을 세울 수 있었다.

이상에서 살펴본 바와 같이 주택 내부에 시체를 매장하는 관습은 매우 특이한 것이다. 그러나 이러한 매장 관습은 폴리네시아의 티코피아Ticopia에서도 찾아볼 수 있다. 티코피아 유적지는 산촌散村 형태의 동족촌이었는데, 차탈휘위크의 매장 관습처럼 조상의 무덤을 주택 내부에 두었다. 벽면 쪽의 무덤과 제사상은 감실龕室에 해당하는 의식용 공간이었다.

주택 가운데는 모든 가족을 위한 공동의 활동공간이며, 식사는 그곳에서 행해진다. 주택의 배치 역시 차탈휘위크의 그것과 매우 유사하며, 티코피아의 감실은 차탈휘위크와 마찬가지로 경건한 공간이었으므로 청결이 유지되었다. 또한 티코피아의 주민구성은 차탈휘위크의 사회조직과 동일하게 귀

족과 평민계급으로 구성되어 있었다. 귀족층에 속하는 상류계급은 제사의
식에서 중요한 역할을 담당하였고 평민보다 더 부유한 경우가 많았다. 그들
은 평민계급보다 신과 조상에 더 가까이 있다고 믿었다.

한편, 루이스 윌리엄스D. Lewis-Williams는 아프리카 남부의 어느 유적지에
관한 연구 결과를 바탕으로 차탈휘위크의 예술품을 해석하였다. 그는 차탈
휘위크의 회화와 조각이 지하세계와 영적으로 교감하는 무당이 만든 것이
라고 주장하였다. 그는 벽에 걸린 황소머리가 벽을 통해 들어오는 동물을
뜻하고, 손바닥 문양은 바깥쪽 벽을 통해 들어오는 사람을 암시하는 것이라
고 풀이하였다. 그 밖의 문양은 아시아 북부의 유목민족이 행하는 무당의식
에 관한 작품에서 영향 받은 것이었다.

샤먼은 취락의 수장 역할을 겸하는 남자무당이거나 여자무당이었다. 그
러한 측면에서 차탈휘위크의 벽화와 조각은 사악한 영혼으로부터 인간을
보호하기 위해 제작되었을 것으로 유추된다. 또한 주민들은 예술품이 그들
을 죽음으로부터 구하고 정신을 고양시킬 뿐만 아니라 죽은 자의 영혼도 지
켜준다고 생각한 것 같다. 그리하여 그들은 젊은 나이에 죽은 시신의 무덤
주변에 특히 많은 예술품을 만들어 놓았다.

이 유적지에는 앞에서 말한 바와 같이 약 5,000~10,000명 정도의 주민들
이 거주했을 것으로 추정된다. 그 정도 규모의 선사취락이나 고대도시라면
주민들을 대표하는 수장酋長과 종교적 리더인 제사장이 있기 마련이다. 그
러나 차탈휘위크의 유적지에서는 아직까지 공공건물이나 신전이 입지한 중
심지가 발견되지 않고 있다. 많은 사람들이 좀 더 발굴작업이 계속되면 아
시클리휘위크의 유적지에서 발굴된 것과 같은 건물의 유적이 발견될 것으
로 기대하고 있다. 이 유적지 북쪽의 아시클리 휘위크에서는 차탈휘위크와
마찬가지로 흑요석을 갈아서 만든 거울과 칼이 출토된 바 있다. 고도의 기
술을 요하는 그러한 유물은 모든 주민들이 보유할 수 있는 것이 아니었다.

그림 1-20. 여인상 토우: 풍요를 상징하는 조형물로 해석된다.

종교적 의식용으로 사용되던 그 유물은 일부 계층에서만 교역이 가능했으므로 정치·종교적 리더가 있었음을 시사하는 것이다.

여성의 역할과 시신 매장 풍습

차탈휘위크의 여성들이 가정과 사회에서 어떤 역할을 담당하였는지 확실한 단서는 발견되지 않고 있다. 선사시대의 여성역할은 신화에 의존하거나 예술품의 상징성에서 고찰해 보아야 한다. 특히 차탈휘위크의 후기 유적층에서 발견된 그림 1-20의 여인상은 진흙으로 만든 토우土偶로서 풍요를 기원한 상징물로 해석된다. 곡식 저장용기에서 발견된 토우를 제외하고는 특정 장소에서 발견된 것이 없다. 대부분의 조형물은 그 크기가 매우 작으며 조형물 가운데에는 벽에 양각된 여자 조각상도 있다.

여인상은 젖가슴이 풍만하고 배가 불룩한 모습으로 임신한 여인을 묘사한 것이다. 여인의 팔과 발은 대체로 위쪽을 향하고 있다. 양각된 조각상은 최근 터키 동부의 유적지에서도 발굴되었는데, 이것 역시 팔과 발이 위쪽을 향한 것이었다. 이러한 형태는 분명히 어떤 상징성을 지니고 있을 것으로 추정되는데, 차탈휘위크 조각상의 머리·손·발은 대부분 파손된 상태였다. 황소머리를 비롯한 여인의 조각상과 토우는 뚜렷한 증거는 없으나 실제로 여성과 관련이 있거나 여신의 이미지를 뜻하는 강력한 메시지가 아닐 수 없다. 이것이 지닌 명확한 의미를 규명하기 위해서는 지속적인 연구가 뒤따라야 할 것이다.

또한 여성의 일상적인 역할을 파악할 수 있는 유물은 별로 발견된 것이 없다. 이것을 파악하기 위해서는 더 많은 무덤을 발굴하여 남자와 여자 유골 간의 차이를 분석해 보아야 할 것이다. 유골의 비교로 노동의 성별 역할 분담과 섭취한 음식의 차이를 알 수 있기 때문이다. 이 유적지에서는 앞서

그림 1-21. 머리 없는 시신의 살코기를 쪼는 독수리 벽화

설명한 것처럼 어린 시신의 유골이 다량 발굴되었는데, 이는 당시의 유아사망률이 높았다는 증거이다. 그 이유는 차탈휘위크의 여성들이 임신 중에도 혹독한 노동에 시달렸거나 강인한 생활을 영위했기 때문일 것이다.

유적지에서 발굴된 유골 중에서 남성중심의 사회였음을 암시하는 유해가 발견되었는데, 이것은 차탈휘위크가 모계사회였을 것으로 추정하는 학자들의 주목을 받았다. 그것은 건물 1그림 1-17의 동쪽에 위치한 감실의 바닥에서 발굴된 남자의 유골로 이 주택의 존립기간 중 마지막으로 매장된 시신인 것으로 판명되었다. 이 성인 남자의 유골은 족제비과 동물의 음경뼈와 함께 출토되었는데, 이것은 앞에서 언급한 바와 같이 매우 중요한 의미를 가지는 매장법이다. 이 남자는 머리 부분이 제거되었다는 점에서 특수한 신분 계급이었음을 짐작할 수 있다.

머리를 제거하는 풍습은 머리 없는 시신의 살코기를 쪼는 독수리 그림의 벽화가 상징하듯이 중요한 의미를 가진다그림 1-21. 가족의 주택을 새롭게 만들어야 하므로 유골의 주인공 머리 부분은 그의 사후에 다른 곳으로 옮겨진 것으로 추측된다. 그가 죽은 후에 가족이 살던 주택은 버려졌고, 건물 안의 양각된 조각품은 파괴되거나 치워졌다. 이 주인공의 연령은 주택의 주거기간과도 대체로 일치한다. 이와 같은 사실은 유골의 주인공이 종교적 중요성과 정치적 권력을 지니고 있었음을 의미하는 것이며, 그 당시의 사회가 남성중심의 사회였음을 시사하는 것이다.

차탈휘위크에 대한 상반된 견해, 즉 모계사회를 이루었을 것이라는 주장과 부계사회였을 것이라는 주장은 민속학뿐만 아니라 인류학과 사회학의 관심사항 역시 아닐 수 없다. 그뿐만 아니라 실생활에서 남성과 여성의 역할에 기초한 공간조직은 젠더지리학gender geography의 관심사항도 될 것이다. 이 쟁점에 대한 결말은 발굴된 주인공의 DNA 분석결과에 의존할 수밖에 없다. 주택은 수세기에 걸쳐 버려진 주택 위에 재건축되었을 것이므로,

그림 1-22. 유적지에서 발견된 벽화: B.C. 6000년 전 수렵활동을 묘사한 그림

만약 차탈휘위크가 모계사회였다면 동일한 주택 안에서 또는 인접한 주택 안에서 어머니와 딸의 유골이 함께 발견되어야 한다. 이와는 달리 차탈휘위크가 부계사회였다면 아버지와 아들의 유골이 동일한 장소에서 발견되어야 한다. 이는 DNA 검사결과가 나와 보아야 하므로 기다리는 수밖에 없다.

차탈휘위크 미술의 의미

차탈휘위크 유적지에서는 가옥구조상 어두컴컴하고 연기 자욱한 건물의 내에서 주목할 만한 미술품이 발견되었다. 이 지역 주민들은 언제부터인가 건물의 깊숙한 내부에서 벽화를 그리기 시작한 것이다. 모든 주택 내부의 벽에 매년 백토를 발라 그 위에 붓으로 벽화를 제작하였다.

벽화의 그림 내용은 다양한 색채로 정교하게 수차례에 걸쳐 덧칠된 기하학적 문양이거나 수렵장면이었다. 어떤 벽화는 빨강색으로만 채색된 것도 있다. 또 다른 벽화에는 앞서 말한 독수리 그림과 황소와 염소머리를 그린 것도 있다. 이런 벽화는 연기 자욱한 컴컴한 방에서 불과 램프의 깜박거리는 빛을 받아 강력한 이미지를 풍겨 매우 깊은 인상을 주었을 것이다.

현대미술의 관점에서 그 벽화가 무엇을 상징하며 어떻게 이해해야 할 것인지 난해하기만 하다. 더욱이 소멸된 지 오래된 취락일 뿐 아니라 문자기록이 없던 사회였으므로 차탈휘위크의 미술품이 의미하는 바를 알 수 없다. 당시의 미술품 가운데 뚱뚱한 여인의 좌상과 황소머리의 조각품, 독수리 그림 등은 여러 지역에서 발견된 바 있다. 특히 아나톨리아 동부와 시리아 북부의 유적지에서 발굴된 바 있다. 따라서 이들 간에는 무엇인가 공통된 부호와 상징적인 의미가 존재할 것으로 추정할 수 있으므로 동일한 교역권 또는 문화권이었을 것이다. 각종 동물이 그려진 벽화는 당시 주민들의 수렵 대상이 어떤 동물들이었는지 알려주고 있다.

차탈휘위크의 발굴에서 발견된 벽화와 조각에 관해서는 정밀한 분석이 뒤따라야 한다. 건물마다 많고 적고의 차이는 있지만 이 유적지의 대부분에서 미술품이 발굴된 것은 사실이다. 여러 학자들은 '미술품이 발견된 주택에서 어떤 일이 일어났었는지, 벽화와 조각상 앞에서 어떤 행위가 있었는지?'에 대한 의문을 갖게 되었다. 이러한 의문을 해결해 줄 만한 단서가 유적지 북쪽구역의 건물 1에서 발견되었다. 양각된 조각의 흔적은 전계한 그림 1-17의 71번 방의 서쪽 벽에서 발견되었고, 벽화는 같은 방의 북서쪽 모퉁이에 있는 감실 주변에서 발견되었다. 이들 중 발굴단은 벽화에 주목하였다. 벽화는 주로 감실 주변의 벽에서 발견되었는데, 이것은 분석결과 초기 유적층의 것으로 밝혀졌다. 벽화는 적색과 흑색의 색채를 혼합한 기하학적

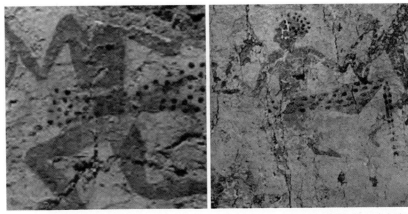

a. 표범의 공격을 받는 사람   b. 표범가죽 모자를 쓴 표범 수렵인

그림 1-23. 유적지에서 발견된 표범을 묘사한 벽화 / 출처: www.catalhoyuk.com

문양의 그림이었다.

　건물 바닥은 71번 방의 서쪽에 인접한 창고70번 방와 남쪽에 위치한 부엌과 화덕 부근을 제외하고는 청결함이 유지된 채로 발견되었다. 그 방의 북서쪽 감실 바닥은 백토를 매년 칠하여 유난히 청결하였다. 그 바닥면에 대한 현미경 분석결과 당시 사람들이 바닥을 밟았다는 흔적이 발견되지 않았다. 따라서 감실은 종교적 의식을 행하거나 청결을 요하는 행위를 한 것으로 추정된다.

인류 최초의 지도 '차탈휘위크 맵'

　우리는 여기서 1963년에 멜라트가 발굴한 하나의 벽화에 주목해 보기로 한다. 이 유적지의 중요성과 고유성에 대해서는 이미 고고학자들에 의해 알려졌지만 더 놀라운 사실이 밝혀졌다. 멜라트가 유적지의 여러 감실 중 하

그림 1-23. 차탈휘위크 지도가 발견된 주택

나의 벽에서 그림을 찾아냈는데 그것은 유적지의 조밀한 주택들을 조감도
鳥瞰圖로 표현한 지도였다. 지도에는 하산 닥Hasan Dağ 화산이 폭발하는 그
림이 희미하게 그려져 있었다. 이 화산은 최근 카터Carter 등의 연구 결과가

발표되기 전까지만 하더라도 앞서 말한 것처럼 차탈휘위크에 흑요석을 제공해준 산으로 알려져 있었다.

그러나 최근 이들의 연구에 의하면, 유적지에서 발견된 흑요석은 하산 닥으로부터 온 것이 아니라 카파도키아 남부에 위치한 괼뢰 닥Göllü Dağ과 네네지 닥Nenezi Dağ에서 나온 흑요석임이 판명되었다. 하산 닥에서 만들어진 흑요석은 아직 어떤 유적지에서도 출토되었다는 보고가 없다.

윌케쿨Ülkekul에 의하면 유적지 V층에서 발견된 이 지도는 B.C. 6200년 전에 제작된 것이므로 세계 최초의 고지도라 할 수 있다. 지금으로부터 무려 8,200년 전의 고지도가 이 유적지에서 발견된 것은 지도학사를 새롭게 써야 하는 획기적 사건이다. 미시는 조감도 형식의 차탈휘위크 지도를 선사시대의 지도학적 표현의 개발이라고 지적하였다.

'차탈휘위크 맵'이 처음 멜라트의 발굴로 발견되었을 때, 그는 주택 내부의 장식을 위한 기하학적 패턴의 문양이라고 생각하였다. 그리고는 완벽하게 복원작업을 마친 후에야 지도임을 깨달았다. 희미하게 보이는 벽화는 마치 표범의 가죽무늬와 같은 문양이었다. 벽화 발견 후 시간이 몇 년 정도 경과한 다음에서야 조감도 형식의 취락지도임이 밝혀진 것이다.

유적지에서는 표범문양 이외에도 여러 개의 기하학적 패턴의 문양이 발견되었다. 그 중에서 그림 1-24에서 보는 것과 같은 벽화가 발견되었는데,

그림 1-24. 기하학적 패턴 문양의 벽화

그림 1-25. 선사시대의 지도 '차탈휘위크 맵' : 8,200년 전에 제작된 세계 최고의 지도이다.

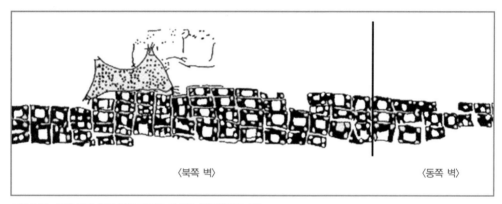

〈북쪽 벽〉   〈동쪽 벽〉

그림 1-26. 북쪽 벽과 동쪽 벽의 지도를 합성한 '차탈휘위크 맵'

이 그림은 '차탈휘위크 맵'인 그림 1-25와 매우 흡사함을 알 수 있다. 그런 까닭에 멜라트는 문제의 벽화를 단순한 장식을 위한 문양으로 착각했을 것이다.

지도상에 그려진 취락의 규모로 판단할 때 취락형성 초기의 모습이거나 계획도일 가능성이 크다. 가옥의 배치가 언덕 사면의 능선을 따라 배열된 유적층은 초기에 해당되는 것이므로, '차탈휘위크 맵'은 차탈휘위크에 취락을 건설하기 위해 제작된 도시계획도로 간주될 수 있다. 지도에는 건물의 배치와 도로계획이 담겨져 있다. 특히 건물은 가옥의 실내까지 표시될 정도로 상세하게 묘사되었다. 건물의 배치는 그림 1-25에서 보는 바와 같이 남북방향으로 길게 계획되었다. 북쪽과 동쪽 벽으로 나뉘어 제작된 지도를 합성해 보면 그림 1-26에서 보는 것처럼 남북방향으로 더 길다. 이는 유적지가 약간의 경사가 있는 구릉지였기 때문에 지형적 조건이 반영된 결과였을 것으로 추정된다.

지도제작은 문자의 발명과 더불어 인간생활에 있어 매우 중요한 의미를 갖는다. 그러므로 인류 최초의 차탈휘위크 지도는 발굴의 중요한 성과물이다. 지도의 발달은 2차원 지표면을 공간적 지각으로 전환하는 능력을 향상시킨 결과물이다. 지금까지 인류는 3,500년 전에 알타미라Altamira 동굴의 벽화에서와 같이 자연의 이미지를 재생산할 수 있었다고는 알려져 있었으나, 이번에 발견된 지도는 인간이 공간을 축소하여 표현할 수 있는 능력이 더 오래 전에 가능했다는 것을 보여주었다. 차탈휘위크의 지도는 당시의 주민들이 그들의 장소를 어떻게 이해하고 있었는지 보여주는 것이다. 조감도 형식의 지도는 인간이 2차원 지표면을 하늘에서 굽어볼 수 있는 상상력을 구체화한 증거물이라 할 수 있다.

차탈휘위크는 과연 인류 최초의 도시인가?

지금까지 살펴본 바와 같이 차탈휘위크는 다른 유적지와 부분적으로 유사한 점도 있지만 대부분 특이한 문화를 보유했던 신석기시대 유적지이다. 이 유적지는 형성 시기가 B.C. 7000년 전까지 소급될 수 있는 선사취락이며, 현재까지 발굴된 유물은 B.C. 4000~B.C. 2000년 기간 중의 유물이 가장 많이 출토되었다. 그리고 대략 5,000~10,000명이 거주했던 세계 최대·세

그림 1-27. 예리코: 원시도시로 자리매김 되면서 학계에서는 고대도시로 인정하지 않고 있다.

계 최고의 선사취락임이 판명되었다.

차탈휘위크를 둘러싼 최대 쟁점은 이 유적지가 과연 인류 최초의 도시로 간주될 수 있는가에 있다. 이에 대해서는 견해가 분분하다. 제이콥스와 햄블린 등이 차탈휘위크를 도시적 성격을 지닌 취락으로 간주한 데 비하여, 휠러Wheeler 등의 학자들은 도시적 조건을 갖추었다는 견해에 난색을 표한 바 있다. 특히 다니엘은 차탈휘위크가 예리코Jerico와 마찬가지로 원시도시 proto-town로 자리매김할 수 있는 대규모 취락이라고 규정하였다.

또한 모리스Morris는 차탈휘위크가 도시로서의 필요조건을 충족시키지 못하였다고 주장하였다. 즉 그의 주장은 문명화된 도시의 조건으로서 인구 5,000명 이상이어야 한다는 조건은 충족시키더라도 신전과 같은 의식의 중심지가 있어야 한다는 것이다. 기드온 쇼버그G. Sjoberg 역시 이런 견해에 동

그림 1-28. 모헨조다로 유적지(위) / 그림 1-29. 하라빠 유적지(아래)

조한 바 있다. 그러나 이 유적지의 발굴작업이 극히 일부에 불과한 상태에서는 어떤 결론도 속단일 수 있다.

멜라트는 차탈휘위크가 인더스 강 유역의 모헨조다로Mohenjo-Daro와 하라빠Harappa는 물론 메소포타미아의 에리두와 우르 등의 고대도시보다 적어도 3,000년 이상 빠른 시기에 형성된 도시라고 흥분을 감추지 못했으나, 모리스가 지적한 것처럼 단순히 직사각형 형태의 건물구조만 보고 그것이 격자형 도시계획이 적용된 증거라고 간주한 것은 그의 오류임이 분명하다. 만약 장차의 발굴에서 도시계획의 유구가 발견된다면 고대도시의 역사가 다시 쓰여질 것이며 도시이론이 바뀔지도 모를 일이다.

저자가 현지답사를 한 후 2000년대의 발굴조사 결과를 보더라도 기존의 학설을 바꿀만한 내용이 아직 발견되지 않고 있다. 현재까지의 발굴 결과로 미루어 볼 때, 차탈휘위크의 성립기반은 고대도시의 성립요건에서 필수인 잉여 식량에 있었던 것이 아니라 흑요석이라는 특별한 자원에 있던 것으로 추론된다.

저자는 차탈휘위크를 고대도시로서 자리매김하는 것에 신중을 기해야 할 이유 중 하나로 쇼버그의 도시요건을 꼽으려 한다. 즉 도시는 각종 도시시설과 사회적 계층분화, 노동의 분화가 진전되어 있더라도 문자의 사용 없이는 진정한 도시사회가 조직될 수 없다는 것이다. 차탈휘위크 유적지에서는 아직까지 문자사용의 증거물이 발견되지 않았다. 이 유적지의 발굴을 더 지켜볼 필요가 있을 것 같다.

:: 차탈휘위크 유적지에 관한 자료가 필요한 독자는 다음의 문헌과 웹사이트를
참고할 것.

남영우, 1999, "터키 아나톨리아의 선사취락," 한국도시지리학회지, 2(2), 47-59.

남영우, 2011, "인류 최초의 지도 '차탈휘위크 맵'의 발굴경위와 지도학적 특징,"
한국지도학회지, 11(2),

Ian, H., 2006, "This Old House: At Çatalhöyük, a Neolithic site in Turkey,
families packed their mud-brick houses close together and traipsed over
roofs to climb into their rooms from above," *Natural History Magazine*,
June, Archived from the original on 2006-11-15. Retrieved 2006-08-19.

Bailey, D., 2005, *Prehistoric Figurines: Representation and Corporeality in the
Neolithic*, Routledge, New York.

Balter, M., 2004, *The Goddess and the Bull: Çatalhöyük: An Archaeological
Journey to the Dawn of Civilization*, Free Press, New York.

Dural, S., 2007, *Protecting Catalhoyuk: Memoir of an Archaeological Site Guard*.
Contributions by Ian, H., Translated by Duygu Camurcuoglu Cleere. Left
Coast Press, Walnut Creek, CA.

Hodder, I., 1997, *On the Surface: Çatalhöyük, McDonald Institute for
Archeological Research*, Cambridge Univ. Press, Cambridge.

Hodder, I., 2004, "Women and Men at Çatalhöyük," *Scientific American
Magazine*, January(update V15:1, 2005).

Hodder, I., 2005, *ÇATALHÖYÜK 2005 ARCHIVE REPORT*, Çatalhöyük Research
Project.

Hodder, I., 2006, *The Leopard's Tale: Revealing the Mysteries of
Çatalhöyük*, Thames & Hudson, London(The UK title of this work is
Çatalhöyük: The Leopard's Tale).

Hodder, I., 2008, "Hitting the jackpot at Çatalhöyük," *ÇATALHÖYÜK 2008*

ARCHIVE REPORT.

Mallett, M., 1992, "The Goddess from Anatolia: An Updated View of the Catal Huyuk Controversy," in *Oriental Rug Review*, Vol. XIII, No. 2 (December 1992/January 1993).

Mellaart, J., 1967, *Çatal Hüyük: A Neolithic Town in Anatolia*, Thames & Hudson, London.

Ian, H.(ed.), 1996, *On the Surface: Çatalhöyük 1993-95*, McDonald institute for Archaeological Research and British Institute of Archaeology at Ankara, Cambridge.

Todd, I. A., 1976, *Çatal Hüyük in Perspective*, Cummings Pub. Co., Menlo Park, CA.

http://web.archive.org/web/20061115094235/

http://www.naturalhistorymag.com/0606/0606_feature_lowres.html.

:: 주 해설

1] Fertile Crescent는 지명을 나타내는 고유명사이므로 '비옥한 초승달'이라고 번
역하여 부르는 것보다 '퍼타일 크레슨트'라 칭하는 것이 올바른 표기법임을 밝
혀 둔다.

2] Mellaart, J. A., 1967, *Çatal Hüyük: A Neolithic Town in Anatolia*, McGraw-Hill, New York.

3] Hodder, I., 1997, *On the Surface: Çatalhöyük* , McDonald Institute for Archeological Research, Cambridge Univ. Press, Cambridge.
Hodder, I., 2004, "Women and Men at Çatalhöyük," *Scientific American Magazine*, January(update V15:1, 2005).
Hodder, I., 2005, *ÇATALHÖYÜK 2005 ARCHIVE REPORT*, Çatalhöyük Research Project.
Hodder, I., 2008, "Hitting the jackpot at Çatalhöyük," *ÇATALHÖYÜK 2008 ARCHIVE REPORT*.

4] Meece, S., 2006, "A bird's eye view- of a leopard's spots: The Çatalhöyük 'map' and the development of cartographic representation in prehistory," *Anatolian Studies*, 56, 1-16.

5] Mellaart, J. A., 1967, *Çatal Hüyük: A Neolithic Town in Anatolia*, McGraw-Hill, New York.

6] Camizuli, E., 2008, *Clay Provenance of Neolithic and Chalcolithic Ceramics from Çatalhöyük(Turkey)*, University of Oxford, Oxford.

7] Lamberg-Karlovsky, C. C. and Lamberg-Karlovsky, M., 1973, An Early City in Ilan, in Davis, K.(ed.), *Cities: their origin, growth and human impact*, W. H. Freeman and Company, SanFrancisco, 28-37.

8] Isaac, E., 1970, *Geography of Domestication*, Pretice-Hall, Englewood Cliffs.

9] Jacobs, J., 1969, *Economy of Cities, Random House*, New York.

10] Hamblin, D.J. and Time-Life Books(ed.), 1973, *The First Cities*, Time-Life Books, New York.

11] 메사킨 선사취락의 유적지에서는 사회적으로 다양한 계급으로 분화되어 있었다. 그들은 공동체의 우두머리인 수장首長을 중심으로 연령과 성차를 초월한 사회계급을 형성하고 있었다. 이 유적지에서 발굴된 유물은 사람과 식량作物을 위험 및 죽음과 불결로부터 보호받기 위해 만들어진 것들이었다.

12] Mellaart, J., 1964, "Excavations at Çatal Hüyük, third preliminary report," *Anatolian Studies*, 14, 39-120.

13] Carter, T., Poupeau, G., Bressy, C. and Pearce, N.J.G., 2006, From chemistry to consumption: towards a history of obsidian use at Çatalhöyük through a programme of inter-laboratory trace-elemental characterization, in I. Hodder(ed.), *Changing Materialities at Çatalhöyük: Reports from the 1995-1999 Seasons.* Cambridge.

14] Ülkekul, C., 1999, *8200 Yillik Bir Harita: Çatalhöyük Şehir Plan/ An 8,200 Year Old Map-The Town Plan of Çatalhöyük*, Istanbul.

15] Meece, S., 2006, "A bird's eye view- of a leopard's spots: The Çatalhöyük 'map' and the development of cartographic representation in prehistory," *Anatolian Studies*, 56, 1-16.

16] Wheeler, M., 1966, *Civilization of the Indus Valley and Beyond*, Thames and Hudson, Cambridge.

17] Morris, A.E.J., 1979, *History of Urban Form*, Jojn Wiley & Sons, New York.

18] Sjoberg, G., 1973, The Origin and Evolution of Cities, in K. Davies(ed.), *Cities: their origin, growth and human impact*, W.H. Freeman and Company, SanFrancisco, 19-27.

폼페이

폼페이의 기원과 역사

　유럽을 여행한 사람이라면 이탈리아의 폼페이를 둘러본 경험이 있을 것
이다. 폼페이는 로마의 역사와 비교될 만큼 오래된 고대도시 중 하나인데
고대 이탈리아 반도의 도시국가 중에서는 평범한 역사를 가진 도시였다. 그
러나 다른 지역의 도시와 비교하면 폼페이는 결코 평범하지 않은 도시다.
이탈리아의 고대민족 중 하나였던 오스코Osco 족은 기원전 8세기에 베수비
오Vesuvius 산기슭에 폼페이Pompeii라는 취락을 건설하였다. 그 무렵, 그리스
로부터 이주해 온 무리들은 도리아식 신전을 폼페이 남쪽 삼각포럼 일대에
건설하였다. 폼페이는 스타비아와 노라를 남북방향으로 연결하는 중간지점

그림 2-1. 구글 어스로 본 폼페이 유적지

에 해당할 뿐 아니라 나폴리 만과 내륙부를 연결하는 관문 역할을 담당하는 요충지였다. 폼페이는 그 주변에 펼쳐진 광활한 포도밭과 올리브 과수원으로부터 와인과 올리브유 등의 특산품을 수출하는 항구로 이용되었으며, 어패류로 만든 특산의 소스류와 용암을 재료로 한 경석輕石 등도 이 항구를 통하여 타 지역과 교역되었다.

폼페이는 취락의 형성과 함께 주변 강국들이 호시탐탐 노리는 전략적 거점으로 부각되었다. 가장 먼저 폼페이를 정복한 것은 쿠마Cumaean족이었으나, 곧 B.C. 525~B.C. 474년간에 번창했던 에트루리아족에게 점령당하였다. 에트루스코Etruscan 족으로도 불리는 에트루리아족은 오늘날의 토스카나 지방을 중심으로 정착하였던 계통 불명의 민족이다. 그들은 기원전 9세기부터 기원전 1세기에 걸쳐 이탈리아 반도의 중부에서 활동하면서 캄파니아Campania 지방까지 세력을 미쳤었다. 또한 그들은 풍부한 지하자원을 배경으로 지중해 전역에 걸쳐 활발한 교역을 펼치며 부를 축적하였다.

그 뒤를 이어 기원전 5세기 말에 폼페이는 삼니타Samnite족에게 정복당하고 말았다. '폼페이'란 지명이 생긴 것은 기원전 4세기에 그들이 이 지역에 정주하기 시작하면서부터의 일이다. 삼늄족으로도 불리는 삼니타족은 아펜니노 산맥의 남부에 살던 산악 민족으로 기원전 5세기 전반부터 캄파니아 지방으로 진출한 바 있다. 중부 이탈리아에서 패권을 장악하기 시작한 도시국가 로마는 삼니타족과의 수차례에 걸친 전투에서 승리를 거둠으로서 폼페이를 그들의 지배하에 둘 수 있게 되었다.

폼페이는 비록 로마의 지배하에 들어갔으나 라틴계 문화와 에트루리아 문화로 구성된 로마의 전통보다는 그리스·오스코의 문화적 전통을 계승하였다. 또한 폼페이는 제2차 포에니 전쟁에서 로마와 카르타고 양측 어느 편에도 서지 않고 중립적 자세를 견지하였다. 이탈리아 동맹시同盟市 전쟁에서는 동맹시 쪽에 가담하여 싸운 결과, 다른 동맹시와 함께 로마로부터 시민

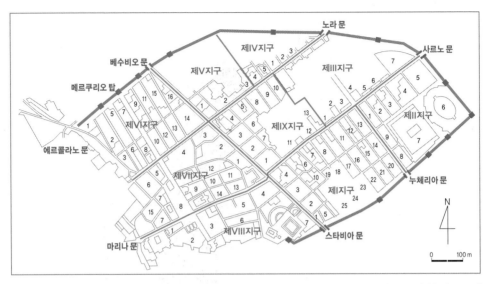

그림 2-2. 폼페이의 지구(리지오네regione)와 블록(인슐레insulae)

권을 부여받게 되었다.

로마로부터 시민권을 부여받은 폼페이 시민은 실질적으로는 로마의 지배
하에 들어갔으나 명목상으로는 로마 시민과 정치적으로 대등한 지위를 누
릴 수 있게 되었다. 그 무렵, 지중해 일대의 전 지역을 무대로 로마 민중파
와 귀족파 간의 내란이 발생하였다. 귀족파에 속해 있던 유력한 술라Sulla 장
군은 반란군 측에 가담했던 폼페이를 진압한 후에 자신의 퇴역병을 농민으
로서 이 지역에 거주시켰다. 이를 계기로 폼페이는 급속히 로마화가 진행되
었고 도시 경관과 행정 조직도 로마화되기 시작하였다. 극장 · 신전 등이 로
마화 되었고, 그 밖의 바실리카 · 개선문 · 목욕탕 · 열주랑列柱廊 등도 역시
로마식으로 건설되었다. 그러나 폼페이 시가지가 확장된 것은 삼니타족에
의한 것이 대부분이었다.

그림 2-3. 베수비오 산록완사면에 입지한 폼페이

폼페이 발굴의 의의

　A.D. 79년 8월 24일에 발생한 베수비오 화산폭발로 로마의 자치시自治市
였던 폼페이는 불과 30분 만에 최후를 맞이하였고 그 후 오랜 기간에 걸쳐
지하에 묻혀 있었다. 폼페이의 유적은 공식적으로는 18세기에 발굴이 시작
된 것으로 알려져 있지만, 그때까지 유적의 존재가 세상에 전혀 알려지지
않은 것은 아니었다. 지하 3~4m에 깊이 매몰되어 있던 폼페이 유적 중 건
물의 상단부와 성벽의 감시탑 등의 높은 건축물은 매몰 직후에도 지상에 일
부 노출되어 있었다. 이들 가운데 일부는 중세에 일시적으로 주거 시설로
이용되기도 하였다. 16세기 말 매몰된 베수비오 산록에 지하수로를 만드는
공사 과정에서 상당량의 유물이 출토되었고, 이 일대에 고대도시가 묻혀 있

다는 인식은 이미 17세기 중엽에 널리 퍼져 있었다. 그러나 그 당시만 하더라도 지하에 묻혀 있는 매장문화재를 발굴하는 행위는 일반화되지 않았었으며 고고학이란 학문도 발달하지 않았다.

골동품 애호취미antiquarianism에서 비롯된 고고학은 19세기만 하더라도 오늘날의 고고학과 달리 '그리스 · 로마인의 기념물을 연구하는 학문'을 의미하는 것이었다. 폼페이의 도시 시설은 두터운 화산분출물로 덮여 있었기 때문에 다행스럽게도 수도였던 로마보다 훨씬 양호한 보존 상태를 유지할 수 있었다. 그와 같은 이유로 로마시대에는 괄목할 만한 존재가 아니었던 폼페이는 이른바 19세기 '고전고고학' 분야에서 그리스 · 로마의 대표적 고대 유적지라는 지위를 획득할 수 있었다. 즉 폼페이는 학문분야로서의 고고학이 탄생할 무렵에 발굴이 본격적으로 시작되었다는 점과 화산폭발에 의한 매몰유적 또는 매장문화재로 시간이 멈춘 상태의 상황을 파악할 수 있다는 점에서 주목받게 되었던 것이다. 폼페이 유적지의 특징을 요약하면 다음과 같다.

첫째, 폼페이에서 발굴된 유물 중 벽화는 다른 유적지의 그것을 압도하고 있기 때문에 폼페이 연구에서 고고미술적 가치가 높다. 이곳에서 찾아낸 벽화의 총량은 그리스와 로마에서 발굴된 벽화의 80% 이상의 비중을 차지할 정도로 엄청난 분량이다. 이와 같은 이유로 폼페이 연구는 자연스럽게 미술 · 공예품을 중심으로 한 미술사적 관심에 중점이 두어졌다.

둘째로는 폼페이 유적지가 지니고 있는 고유한 특징으로 인해 종종 그 당시의 로마 제국 전체에서 차지하는 이 도시의 의미가 과대평가 되었다는 점이다. 가령 폼페이의 인구규모만 보더라도 종래에는 2만 명을 상회하는 것으로 추정하는 것이 정설이었으나, 최근의 연구에서는 하향 조정되는 추세다. 폼페이가 상당 수준 번창했던 로마의 지방도시였던 것은 사실이지만, 당시의 역사기록에서는 폼페이의 중요성을 인정할 만한 대목이 발견되지 않았다.

셋째, 폼페이는 A.D. 79년 화산폭발에 의해 거의 순간적으로 매몰된 도시이기 때문에 고대도시의 유적지로서는 특별한 고고학적 가치를 지니고 있다는 점이다. 즉 폼페이의 유물과 유적이 원형대로 보존되어 있던 까닭에 폼페이에 관한 연구는 여전히 필연적으로 '폼페이 최후의 날'의 상황을 재현하고 해석하는 것에 초점이 맞춰져 있다. 이 사실은 폼페이의 소역사를 그리스·로마의 대역사라는 전체 틀 속에 연계시키려는 시도가 결여되었음을 시사하는 것이다.

폼페이 유적지에 대한 발굴 작업은 1930~1940년대의 포럼 구역과 성벽 발굴에 이어 1950년대 제1지구와 제2지구로 확대되었다가 중단되었다. 1960년대 이후의 폼페이 연구는 이탈리아인과 외국인을 포함한 학자들이 이미 발굴된 가옥에 대한 정밀조사에 집중하였고, 1980년대에 들어와서는 초기 발굴작업에 대한 재평가와 함께 하층 조사에 대한 발굴이 강화되었다. 특히 포럼 주변에 있는 아폴로 신전의 하층유구 및 유물에 대한 조사와 유적지 남쪽의 누체리아Nuceria 문에 인접한 성벽의 발굴조사에서 큰 성과를 거두었다.

저자는 폼페이에 대한 선행연구에서 간과되어 온 도시의 형성과정과 지역분화의 규명에 초점을 맞추어 1996년 7월에 1차 현지답사를 행하였고 2003년 8월에 2차 답사를 마쳤다. 특히 2차 답사는 1차 답사에서 미진한 점을 보완하는 것은 물론 폼페이 최후의 날을 몸으로 느껴보기 위해 일부러 8월 24일을 전후하여 조사날짜를 잡았다. 지금까지 폼페이에 관한 연구는 고고학을 비롯하여 건축학 및 고고미술학 분야에서 많은 성과가 있었지만, 지리학 및 도시학 분야에서는 거의 전무한 실정이다. 앞서 말한 것처럼 폼페이는 베수비오 화산의 폭발로 매몰된 순간의 정지된 시간 속에서 매장되었던 도시이므로 역사의 한 단면에서 고대도시를 고찰할 수 있다는 점에서 그

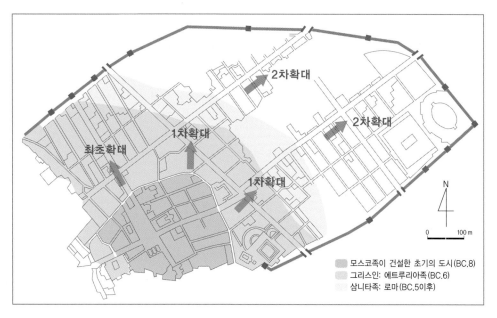

최초확대

1차확대

1차확대

2차확대

2차확대

N

0   100 m

■ 모스코족이 건설한 초기의 도시(BC.8)
■ 그리스인: 에트루리아족(BC.6)
□ 삼니타족: 로마(BC.5이후)

그림 2-4. 폼페이의 시가지 확대과정

연구의 의의를 찾을 수 있을 것이다.

폼페이의 도시형성과 도시계획

폼페이의 도시기원과 도시형성의 과정을 파악하는 일은 유적의 보존상태가 양호하여 다른 고대도시와 달리 용이한 편이다. 특히 도시경계를 알려주는 성벽부분의 유적은 복잡하고 세밀한 건축물이 적기 때문에 발굴 작업이 간단한 편이다. 1980년대에는 1930년대의 발굴에서 발견하지 못한 성벽을 발굴하기도 하였다. 그 중에서 제한된 범위이긴 하지만 밀라노 대학의 발굴단과 일본 고대학연구소의 발굴단의 조사 결과가 주목할 만하다.

폼페이의 도시형성 과정을 둘러싼 이론은 '원초적 도시계획설'이 인정을 받지 못한 이후에 제기된 '다단계 확대 발전설'과 '동시형성설'의 두 학설로 나뉜다. 전자는 폼페이 시가지가 적어도 2단계의 과정을 거쳐 확대 발전하여 오늘에 이르렀다는 것이며, 후자는 폼페이 시가지가 도시 건설 당초부터 거의 동시기에 형성되었다는 학설이다.

다단계 확대 발전설은 하버필드Harverfields[1]가 주장한 이래 여러 학자들에 의해 계승되어 왔는데, 그 요지는 시가지 남서부 포럼의 주위를 환상으로 에워싼 4개의 도로 내부를 가장 최초단계의 시가지로 간주하며 이들 4개 도로를 초기 성벽의 흔적으로 생각한다는 내용이다. 이에 비하여 동시형성설은 1930년대의 발굴조사에 기초하여 제기된 학설로서 성벽의 공법과 재질의 편년을 고려해 봤을 때 기원전 6세기에 이미 현재의 규모로 축성되었다는 내용이다. 그러므로 이 주장은 유력한 학설로 믿어왔던 다단계 확대 발전설을 정면으로 부정하는 것이었다.

폼페이의 도시 건설이 기원전 6세기까지 거슬러 올라갈 수 있다는 사실을 삼니타족과 로마시대에 이르러 A.D. 79년 멸망하기까지 유기적으로 발전해 나아간 폼페이 시가지의 연속성과 결부시켜 볼 때에는 의문이 남는다. 왜냐하면 일부 신전을 제외하면 폼페이에 현존하는 어떤 공공건물도 건축연대가 기원전 2세기 이전으로 소급될 수 있는 것은 전무하기 때문이다. 그러므로 폼페이는 지형적 여건상 용암대지의 말단부로부터 동북쪽의 충적평야로 확대되어 나갔을 것으로 추론되고 동시형성설이 반드시 옳다고 단정지을 수 없다.

시가지는 처음 포럼 주변의 구시가지로부터 제VI지구 방향으로 확대되었고, 1차적으로는 제I지구, 제IX지구, 제V지구 방향을 따라 확대되었을 것으로 상정할 수 있다. 그 근거로는 도로의 방향이 구시가지가 아닌 성벽의 방향성과 일치한다는 점을 들 수 있다. 특히 2차적 확대방향의 축에 해당하는

그림 2-5. 포럼: 아폴로 신전과 바실리카 전면의 포럼은 시민활동의 중심지였다.

노라Nola 로路와 사르노Sarno 문門으로 향해 뻗은 압본단짜Abbondanza 로 두 개의 도로가 그러하다. 스타비아Stabia 문과 베수비오Vesuvio 문을 통과하는 스타비아 로 동쪽의 시가지 확대는 성벽의 주행방향에 따라 설계된 두 개의 간선도로가 폼페이 도시계획의 기초이자 최종적 계기가 된 것이 분명하다. 시가지의 규모가 현재처럼 확대된 것은 도시계획구역을 연장할 필요가 있다는 사회적 수요가 발생했기 때문일 것이다. 이 무렵에 폼페이는 A.D. 79 년까지 연속적으로 발전하는 도시로서의 본격적인 탄생을 했던 셈이다.

　폼페이는 대부분의 로마 도시와 마찬가지로 비교적 정교하게 계획된 도시임이 여러 학자들에 의해 밝혀진 바 있다. 도로망과 공공시설은 위계적 배열과 기하학적 배치에 입각하도록 설계되었다. 그래서 서구문명을 높게 평가하는 하버필드와 같은 서양학자들은 로마적 도시문명을 보유하지 못하면 문명으로 간주하지 않는 경향이 있다.

고대 로마의 도시계획은 지형적 여건을 고려하여 격자형 도로망을 조성하는 경우가 대부분이다. 그러므로 폼페이의 블록insulae 배열은 유적지의 지형과 밀접한 관계가 있다. 즉 폼페이의 시가지를 구성하는 블록은 전체적으로 북쪽에서 남쪽으로 또 서쪽에서 동쪽으로 경사진 산록완사면에 배열되어 있고, 특히 제I지구와 제VI지구는 남사면 방향의 토지를 따라 구획되었다. 다만 포럼 주변의 제VII지구와 제VIII지구가 불규칙한 것은 이곳이 초기 선사취락이었기 때문에 격자형 블록이 적용되지 않았던 것이다.

폼페이의 공간적 특성을 파악하기 위해서는 물적 특성뿐만 아니라 사회적 배경도 고려해야 한다. 소자Soja는 폼페이의 도시공간이 규명되어야 도시 내부의 사회적 관계와 계층분화를 파악할 수 있음을 강조하였다.[2] 영국의 고고학자이며 역사학자인 로렌스Laurence는 폼페이를 동심원지대 이론이나 선형 이론과 같은 도시구조 이론에 적용시킬 수는 없지만 중심업무지구에 해당하는 중심지의 존재에 주목하였다.[3] 폼페이의 중심지는 제VII지구와 제VIII지구에 위치한 포럼이라는 것이다. 포럼forum이란 행정 · 종교 · 정치 · 경제 기능이 집중된 시민광장을 가리킨다.

폼페이의 도시공간은 스스로 만들어진 구조와 법칙을 지니고 있었다. 즉 로마 도시로서 폼페이의 도시 시설은 무작위로 배열된 것이 아니다. 각 건물은 도로로부터 직접 출입이 가능하도록 설계되었고 거주자의 프라이버시를 보장해 주기 위한 독립적 출입문을 필요로 하였다. 그리하여 가로망과 블록의 배열은 지형적 여건과 사유재산의 보호를 고려하여 의도적으로 설계되었다. 사실상 폼페이의 도시구조는 도시계획에 의한 것보다 공간의 무작위적 특성에 따라 변화하고 사회 · 경제적 수요에 따라 공간이 형성되는 양상을 보인 셈이다. 그러므로 폼페이의 도시공간은 계획된 실체라기보다는 사회적 산물의 결과였다고 볼 수 있다.

폼페이의 지역분화

　폼페이의 시가지는 시간이 경과됨에 따라 인구가 증가하면서 토지이용에도 변화가 있었을 것으로 추정된다. 제한된 공간 내에서 점증하는 공간 수요는 필연적으로 토지이용의 변화를 수반할 수밖에 없었다. 그 변화는 기원전 2세기 이후 서서히 시가지가 확대해 나아가는 과정에서 건축물은 물론 여러 분야에서도 발생하였다. 이는 폼페이의 경관적 도시화에 기능적 도시화가 수반되었음을 의미하는 것이다. 폼페이의 도시화는 기원전 1세기에 이르러 주택도시화와 더불어 상업도시화 및 공업도시화가 병행하는 양상을 띠었다.

　폼페이의 경우는 정확한 기록이 없어 알 수 없지만, 로마의 도시는 일반적으로 성벽이 완성되기 전에 도로공사를 시작하였다. 도시의 가로망은 마차보다 시민을 위해 설계되었다. 그런 이유로 충분한 보도가 만들어졌고, 도로를 걸어가는 사람들의 건강과 안전을 해치는 마차의 주행방향을 규제하여 엄격한 법규가 제정되었다. 돌멩이로 포장된 도로를 달리는 말과 마차의 통행은 매우 소란스러웠으므로 통행을 제한하기 위해 일방통행을 하거나 통행금지 구역을 만들기도 하였다. 그럼에도 불구하고 오랜 기간에 걸친 마차 통행으로 단단한 돌이 마모되어 있는 것을 오늘날에도 볼 수 있다. 도로 양측의 보도는 노면보다 45cm 정도 높게 만들어졌는데 이는 마차가 보도를 넘어 보행중인 사람을 치는 사고를 방지하기 위함이었다. 또한 도로에는 징검다리 돌을 설치하여 말과 마차의 속도를 제한하고 우천 시에는 도로를 횡단하는 사람이 편리하도록 하였다. 당시에는 하수구가 설치되어 있었지만 비가 오면 말의 분뇨가 빗물에 섞여 도로를 오염시켰다.

　주요 도로에 면한 부지에는 상점과 공장이 입지하였고, 이들은 중심지로부터 순차적 확대가 아닌 무질서한 비지적飛地的 확대의 양상을 보였다. 특

그림 2-6. 압본단짜 로의 상점가: 통행량이 많고 개구율이 높아 상점가를 이루었다.

그림 2-7. 로마 도시 가로의 도로설계

히 스타비아 로와 노라 로의 간선도로를 비롯하여 스타비아 로 동쪽의 압본단짜 로의 상업화가 현저하였다. 그리고 제VII지구 일부에는 비교적 넓은 개구開口가 연속적으로 개설되어 상점가의 형성을 볼 수 있게 되었다. 주요 간선도로가 아니라 할지라도 구시가지 이면도로 역시 개구율이 높은 편이며, 에르콜라노Ercolano 문으로 통하는 도로와 베수비오 문으로 연결되는 도로의 개구율도 높은 편이다. 개구율이 높다는 것은 상점들이 집중적으로 입지했었음을 뜻하는 것이다.

기원후 3세기 로마의 도시는 도로에 면해 있는 1층을 상점으로 이용하고 2층을 주택으로 이용하는 것이 일반적이었다. 도시의 성문으로부터 중앙의 포럼과 삼각포럼그림 2-2 제VIII지구의 7블록에 이르는 도로는 시민활동의 주요 동맥이었다. 상점은 그와 같은 통과도로에 집중적으로 입지하는 경향을 보였다. 상점의 분포패턴은 폼페이와 배후지, 즉 도시와 농촌 간의 기능적 관계를 시사하는 것이다. 다시 말해서 폼페이의 상점은 성안의 시민뿐만 아니라 성 밖의 주민들도 이용했다는 것이다. 이와 같은 입지패턴은 다른 성곽도시에서도 쉽게 찾아볼 수 있다.

상점과 달리 공장작업장은 시가지 곳곳에 골고루 분포하는 경향을 보였으며, 특히 포럼의 동쪽에 위치한 제VII지구와 제I지구에 집중적으로 분포하였다. 공장은 주로 제빵공장·식품공장·방직공장·염색공장·피혁공장 등을 비롯한 가내수공업이었으므로 매매활동이 일어나는 상점과 마찬가지의 기능을 지니고 있다. 그러나 가내수공업은 간선도로가 아닌 이면도로에 주로 분포하였다.

한편, 폼페이의 환락시설로는 카우포네cauponae라 불리는 여관과 음료수 상점의 원조격인 포피네popinae라 불리는 주점을 비롯한 윤락가를 꼽을 수 있는데, 여관과 주점은 에르콜라노 문으로 연결되는 도로제VI지구의 1, 4블록와 대극장의 동쪽제지구의 2블록, 제IX지구의 7블록 등지에 집중적으로 분포하

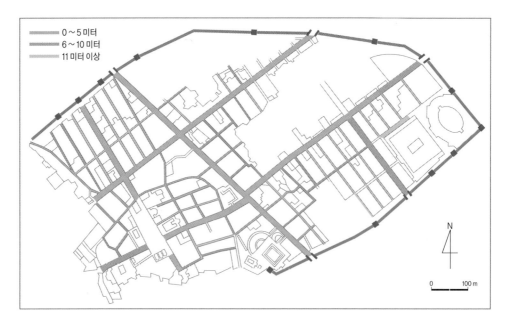

그림 2-8. 도로별 개구부의 분포

며, 그 밖의 지역에서는 비교적 균등하게 분포하는 경향을 보인다. 특히 숙박업소인 여관은 성문 근처에 입지하거나 포럼 동쪽의 도시 중심부에 분포하는 경향을 보인다. 여관과 주점은 여행객을 매개로 밀접한 관계를 맺고 있었기 때문에 동일한 건물 또는 인접한 장소에 입지하는 경우가 많았다. 그것은 술집 종업원이 매춘부를 겸하는 경우가 많았기 때문이다.

이와는 달리 창녀들의 윤락가인 루파나르는 포럼 주변의 이면도로에 입지하고 있었다. 엘리트의 주거지역으로부터 멀리 떨어진 곳에 입지한 윤락가는 간선도로를 피하여 분포하는데, 이는 고급주택지의 주거환경을 보호하기 위한 조처에 의한 것으로 풀이된다. 환락가는 엘리트들이 도덕적으로 타락한 곳이라 인식하는 장소에 입지하였으나, 폼페이를 방문하는 외지인들에게는 도시생활의 즐거움을 제공해 주는 장소이기도 하였다. 그런 이유

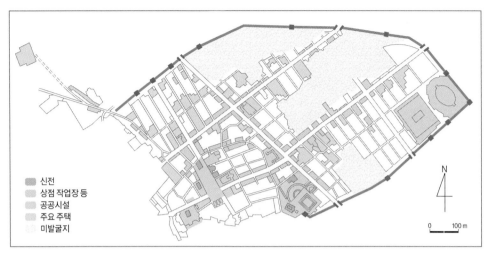

신전
상점 작업장 등
공공시설
주요 주택
미발굴지

N

0   100 m

그림 2-9. 폼페이의 토지이용

로 윤락가는 저급주택이 비교적 많은 제VII지구와 제IX지구에 집중적으로 분포했을 것이다. 그러나 당시의 사회적 분위기는 윤락업이 번창할 정도로 성性에 대하여 자유로웠다. 폼페이에서는 춘화에 가까운 벽화가 다수 발견되기도 하였다.

폼페이의 공공시설은 로마의 식민기부터 대부분 포럼 주변에 집중적으로 건설되었고, 극장과 원형경기장은 고대로마의 상징적 건축물로 인식되고 있다. 폼페이는 건축사의 측면에서 볼 때 건축물의 집합체라고 할 수 있으며, 이들은 가로망과 조화를 이루어 구조적·환경적 구성요소가 다양한 원칙에 따라 조합되어 건설되어 있다. 시민광장이었던 포럼은 나폴리를 비롯한 노라와 스타비아를 연결하는 도로의 교차점에 위치하고 있다. 포럼의 현재 위치는 도시의 서남단에 치우쳐 있으나 폼페이 초기에는 중앙적 위치를 점하고 있었을 것이다.

포럼은 기원전 2세기까지만 하더라도 단순한 시장의 역할에 국한되었으

그림 2-10. 제빵공장: '피스트리눔'이라
고도 불리는 제빵공장의 제
분기.

나, 아폴로 신전과 같은 종교 시설은 기원전 6세기부터 이미 존재하고 있었다. 포럼이 확장되어 공공건물과 종교적 건축물로 둘러싸인 것은 기원전 2세기부터의 일이다. 폼페이의 공공시설은 식민지 초기 새로운 제국과 지역사회를 새롭게 건설하기 위한 기념비적 공간 창출을 목표로 활성화되었다.

포럼 남쪽에 위치한 공공건물은 도시행정가들이 거처하기 위해 건설된 건물로 A.D. 62년의 지진 이후에 개축된 것이며, 도시행정관인 두오비리 duoviri가 그들의 업무를 수행하던 집무실이었다. 이 건물의 서쪽에 위치한 바실리카basilica는 삼눔 시대에 해당하는 B.C. 125~100년에 건설된 건축물로 폼페이 시민생활과 상업활동에서 중요한 역할을 담당하였다. 바실리카에서는 재판이 집행되기도 했고 중요한 사업상 회담도 열렸다. 이곳은 경제·법률 문제가 처리되는 이른바 폼페이의 '월 스트리트'에 비견되는 장

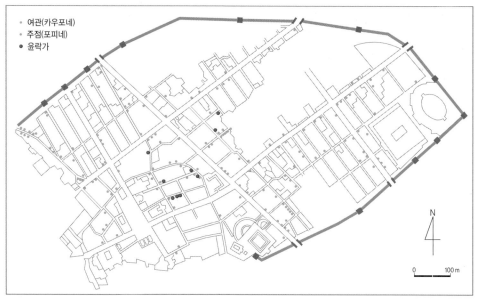

그림 2-11. 폼페이 환락시설의 분포

그림 2-12. 윤락가 루파나르: 폼페이에는 25개소에 달하는 윤락가가 있었다.

소였다.

　폼페이의 식품시장인 마첼럼macellum은 포럼의 동북쪽에 위치해 있는데, 이것은 노천시장이 아닌 실내시장으로 로마제국 시대에 건설된 대형 건축물이다. 어물전이 중심이 된 식품상점은 포럼 쪽과 아우구스탈리 로 쪽의 건물 밖에도 있었다. 목욕탕은 3개소에서 발굴되었는데, 이들의 배치는 기원전 2세기경에 이루어진 것으로 추정된다. 이용객들은 온탕·열탕·냉탕

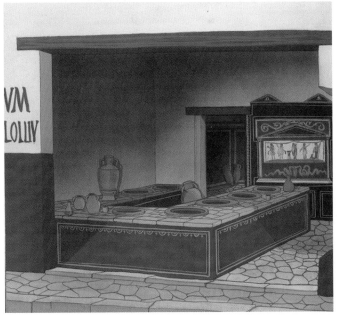

그림 2-13. 주점(포피네): 테르모폴리움이라고도 불리며 음식을 덥히는 화덕이 설치되어 있다.

그림 2-14. 스타비아 로: 시가지를 남북으로 종단하는 간선도로이며 베수비오 성문 좌측에 상수도 물탱크인 카스텔룸이 보인다.

을 혼용하였고, 수영장과 운동장, 산책로 등이 있는 것으로 보아 시민들은 목욕탕을 휴식장소로 이용한 것 같다.

기원전 3세기와 2세기에 걸친 헬레니즘 시대에 건설된 대극장은 수차례에 걸친 수리와 복구에도 불구하고 그리스 극장의 건축 양식이 적용되었다. 극장의 계단식 좌석 카베아cavea는 경사면을 이용하여 건설되었고, 수용인원은 5천 명에 달하였다. 대극장 옆의 소극장은 삼늄 시대에 이미 도시계획에 포함되어 있었던 실내극장으로 B.C. 80년에 건설되었으며 1,300석의 좌석이 비치되어 있다. 대극장이 연극과 대규모 의식을 위한 것이었다면, 소극장은 음악 오디션, 시 낭송, 판토마임 등의 공연을 위한 시설이었다.

폼페이의 남동쪽 끝에 위치한 원형경기장은 앞서 B.C. 80년에 소극장을 건설한 바 있는 두 명의 집정관에 의해 건설된 세계 최초의 경기장이다. 이

경기장은 2만 명을 수용할 수 있는 규모이며 맹수 사냥과 글래디에이터 gladiator라 불리는 검투사들의 목숨을 건 시합이 행해졌던 곳이다. 폼페이가 위치한 캄파니아 지방은 기원전 4세기경부터 검투사 경기의 근원지였다. 원형경기장이 이곳에 입지한 이유는 폼페이의 남동부가 당시에는 건축 활동이 자유로웠을 뿐만 아니라 혼잡을 피할 수 있었고, 성곽의 성벽 일부를 경기장의 하부구조로 사용할 수 있었기 때문이다. 그러다 A.D. 59년에 폼페이 시민과 누체리아인 간의 유혈폭동이 발생하여 원형경기장은 10년간 폐쇄조치를 당하였고, 이 조치는 A.D. 62년의 지진 피해로 해체되었다.

다음으로는 폼페이 시민의 신앙생활의 중심이었던 신전에 대하여 고찰해 보도록 하겠다. 폼페이 시민들은 사생활이나 공공장소에서도 항상 신과 함께 하였다. 그들은 정해진 시간에 신전에서 다양한 신에게 예배를 올렸으며, 가정 내에서도 자유로운 시간에 기도를 하였다. 신앙의 대상은 포도생산과 관련하여 헤라클레스·바쿠스·비너스의 3신이 주를 이루었지만, 폼페이가 로마의 식민도시로 바뀌면서 로마 종교화의 길을 걸었다.

로마의 종교는 외래 신에 대하여 항상 호의적이었다. 포럼의 서쪽에 위치한 아폴로 신전은 기원전 5세기에 그리스인들이 아폴로신을 숭배한 것에 영향을 받은 삼니타족에 의해 축조된 것이다. 이 신전은 포럼 쪽을 향한 방향이 아니라 마리나 문을 향해 자리잡고 있으며, 주랑柱廊은 원래 도리아식이었으나 지진 이후 코린트식으로 바뀌었다.

포럼의 동쪽에는 베스파시아누스 신전과 라레스 신전이 있고, 그 북쪽에는 주피터 신전이 위치해 있다. 이들 중 주피터 신전은 기원전 2세기 중엽에 축조된 고대로마의 전형적인 건축 양식이다. 코린트식 주랑의 이 신전은 로마 공화정 시대로 진입하면서 폼페이의 가장 중요한 신전이 되었다.

고대도시의 공간 구조는 당시 거주했던 시민의 사회적 선택·관습·제도와 그것을 창출한 사회적 상황을 반영해 준다. 고대도시로서는 비교적 잘

그림 2-15. 원형경기장: 세계 최초의 검투사 경기장이다.

정비된 폼페이에서 학자들의 주목을 끄는 것은 바로 주택이다. 주택은 거주자의 지위와 부를 반영하는 것이므로 사회·경제적 지위에 기초한 주거지역의 분화 정도를 엿볼 수 있게 해 준다.

폼페이의 주거지역에 관해서는 여러 학자들의 연구가 진행되어 왔다. 그 가운데 가장 주목할 만한 연구는 제VI구역의 발굴 결과를 기초로 고찰하여 도시공간 이론을 정립하려고 시도한 것이다. 힐러Hiller 와 핸슨Hanson은 폼페이의 주거지역이 사회·경제적 지위에 따라 분화되었음을 지적하고, 그들의 분포패턴을 형성하게 한 어떤 공간적 메커니즘이 있을 것이라고 주장하였다.[4]

이러한 관점에서 로빈슨Robinson은 폼페이뿐 아니라 로마제국의 주택규모가 소유자의 재산상태와 신분에 비례했다는 사실을 미발굴 지역이 많은 제III지구 및 제IV지구를 제외한 나머지 발굴지에서 입증하였다.[5] 그 결과,

주택의 평균면적이 가장 큰 곳은 제II지구이며, 그 다음은 제I, VIII, VI, VII구역 순이었다. 제VII지구의 주택규모가 가장 작은 이유는 포럼 주변에 위치한 주택들이 공간적 제약을 받은 결과일 것이다.

당시 주택의 질은 주택규모는 물론 중정中庭의 개수 · 열주랑의 유무 · 아트리움과 트리크리니움의 유무와 규모에 의해 좌우되었다. 비리다리움 viridarium이라 불리는 중정은 건물로 둘러싸인 정원을, 아트리움atrium은 방문객을 위한 응접 공간을, 트리크리니움trieklinium은 식당을 가리킨다. 저자는 로빈슨의 방법에 따라 주거지역을 4개 유형으로 구분하였다.

제1유형은 주택규모가 100m² 미만의 소규모이고 실내장식이 보잘 것 없는 하류층 주거지이며, 제2유형은 주택규모가 100m² 이상이고 소규모의 아트리움이 설치되어 있으나 임플루비움impluvium이라 불리는 빗물통이 없는 중급주택이다. 제3유형은 주택규모가 적어도 500m²이고 임플루비움이 설치된 아트리움을 보유할 만큼의 고급주택이지만 부의 상징인 열주가 2~3개에 불과하다. 마지막으로 제4유형은 주택규모가 800m²를 상회하며 열주랑이 설치된 중정이 한 개 이상 있고, 빗물통과 열주가 설치된 아트리움을 보유한 엘리트의 고급주택들로 구성된 상류층 주거지이다.

하류층 주거지인 제1유형은 제VII, VIII, IX지구의 3개 지구에 집중적으로 분포한다. 이들 3개 지구는 간선도로로 둘러싸여 있고 이는 포럼 주변의 공공건물이 집중된 중심부임을 뜻하는 것이다. 그뿐만 아니라 상점과 환락시설이 집중적으로 분포하여 주거환경이 불량한 편이다. 이 사실은 여러 학자들이 주장한 것처럼 전산업 도시pre-industrial city의 중심부에 상류층이 거주한다는 이론과 상치된다. 중급주택에 해당하는 제2유형이 제I, II, V지구에 비교적 많이 분포하는 것은 성곽 내부에서도 공간적 여유가 있었기 때문으로 풀이된다.

상류층 주거지역인 제4유형은 성곽의 에르콜라노 문 · 베수비오 문 · 누

그림 2-16. 아폴로 신전: 포럼의 서쪽에 위치한 아폴로 신전은 이미 아폴로에 대한 숭배사상이 있었음
을 뜻하는 것이다.

그림 2-17. 아폴로 신전의 복원도

그림 2-18. 마첼룸과 주피터 신전: 포럼의 북쪽 끝에 있는 아치를 중심으로 우측은 마첼룸(시장), 좌측은 주피터 신전이다.

체리아 문·사르노 문·마리나 문과 연결되는 통과교통로를 따라 분포하는 경향을 보인다. 이것은 매우 중요한 사회적 의미를 갖는 입지패턴이다. 눈에 잘 띄는 곳에 엘리트의 주택이 입지하는 것은 그들의 정치 활동상 최적의 효과를 올리기 위함이었다. 제VI지구는 예외적으로 제4유형에 속하는 주거지역이긴 하지만, 제I, II지구와 같이 공간적 여유가 적은 탓에 고밀도로 개발된 곳이다.

이와 같이 유형별 혹은 계층별 주거지역이 중첩되거나 혼재하는 이유는 주거지의 지역분화가 현저히 진행되지 않았음을 의미하는 것이다. 특히 엘리트의 주택이 지역적으로 분화되지 않은 채 광역에 걸쳐 분포하는 이유는 엘리트들 간의 정치적 경합을 피하고 잠재적 경쟁자와 원만한 관계를 유지

그림 2-19. 파우니 주택의 아트리움(위)과 베티 주택의 중정 열주랑(아래)

하려는 목적이 있었던 것으로 보인다. 따라서 폼페이의 주거지역은 무작위적으로 분화된 것이 아니라 공간적으로는 고도로 구조화된 사회였음을 간파할 수 있다. 사회·경제적 지위가 높은 계층은 간선도로와 상업지역의 번잡한 장소로부터 일정한 거리를 두고 거주했으며, 자신들의 주택으로부터 간선도로의 전면에 나가 정치적 소신을 펼치고 사회적 권력을 과시하면서 생활하였다.

폼페이 근린지역의 구조

근린neighbourhood이란 일반적으로 주민들 간의 상호작용에 의해 직접적

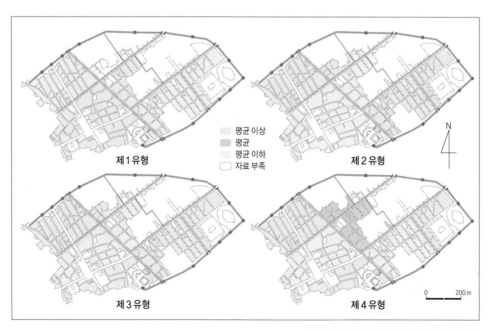

그림 2-20. 폼페이 주거지역의 유형별 계층

인 면식관계로 맺어진 도시지역의 일부분을 가리킨다. 근린은 공간적으로 한정된 공동체를 의미하는데, 이러한 공동체는 보통 그곳의 주민들보다는 외부인들에 의해 즉각적으로 인식된다. 근린의 범위는 동질적 배경을 지닌 이웃들끼리 애착을 가지고 교류를 할 수 있는 공간적 단위로 인식하는 것이 일반적이다. 그러므로 '근린' 이란 용어는 동일한 정체성을 지닌 공간적 실체이기 때문에 근린단위로 설정될 수 있다. 근린단위를 설정하는 일은 기능지역적 도시구조를 규명하는 것과 다름없을 것이다.

　도시 연구의 메카였던 시카고학파는 도시지역에서의 주거지 분화에 대비되는 개념으로 균형화 근린balanced neighbourhood이란 용어를 고안한 바 있다. 이는 도시사회를 구성하는 각 그룹이 분화된 주거지역을 점유하는 것이

그림 2-21. 노라 문: 시가지를 동서로 연결하는 노라 로의 성문이다.

아니라 도시의 모든 그룹이 골고루 점유하기 때문에 각 근린은 전체 도시의 일부를 구성하며 하나의 균형화된 모자이크상의 소우주를 형성한다는 개념이다. 로마제국의 도시는 비쿠스vicus라 불리는 근린단위들로 구성되어 있는데, 이 단위는 도시의 동질적 장소의 의미를 지니는 주거단위인 동시에 선거구를 의미하는 근린단위이기도 하였다. 그러므로 폼페이의 근린단위를 복원할 수 있다면 근린의 공간적 구분이 가능해진다. 그러나 불행하게도 폼페이의 비쿠스에 관해 현존하는 문헌자료가 거의 없는 실정이다.

저자는 폼페이 답사 중 가로망의 교차로에 사당이 위치하고 있음에 주목하였다. 이들 사당의 대부분은 라레스Lares 신의 그림이 그려져 있는데, 그것은 3명의 신과 뱀의 그림이다. 라라륨Lararium이라 불리는 이들 사당은 가정과 도로를 지켜주는 수호신을 섬기는 곳인데, 이들은 도로를 따라 비교적 균등하게 분산되어 있음을 알 수 있다. 결국 사당은 비쿠스의 중심이었거나 비쿠스 간의 경계였던 것으로 추정된다.

근린은 사당뿐 아니라 폼페이 전역에 설치된 공동수도의 분포를 통해서도 그 범위가 파악될 수 있다. 왜냐하면 이들 공동수도는 가장 가까운 주민들에 의해 사용되었고 또한 이웃 간의 접촉장소로 제공되기도 하였기 때문이다. 이들 상수도는 아우구스투스 시대에 만들어진 것으로, 다른 로마 도시와 달리 목욕물을 공급하기 위함이 아니라 양질의 음료수를 공급하기 위하여 만들어졌다. 상수도가 설치되기 이전에는 우물이 사용되었으나, 물 공급이 적어지고 수질이 나빠져 수도관으로 물을 공급하는 상수도 설치의 필요성이 대두된 것이다. 폼페이는 베수비오 산에서 흘러오는 계곡물을 이용할 수 있었다.

폼페이의 물 공급은 시가지의 고도가 높은 지점에 카스텔룸castellum이라 불리는 물탱크에 물을 저장하여 납으로 만든 수도관을 통해 주민들에게 공급하는 방식을 취하였다. 카스텔룸에는 3개의 파이프가 달려 있는데, 가운데 것은 풀장이나 공동수도에 공급되고, 두 번째 파이프는 목욕탕, 세 번째는 개인주택에 제공되는 물 공급관이었다. 이들 중 두 번째와 세 번째 물 공급은 유료였기 때문에 시 재정에 큰 도움이 되었다. 부족분은 개별적 급수시설을 갖추거나 임플루비움을 이용하였다.

근린지역의 설정을 위한 지표는 사당과 공동수도의 위치였다. 사당의 위치는 시대에 따라 변화를 거듭했으나, 공동수도는 물의 수요량이 증가하여 신설되는 경우는 있었어도 위치만큼은 고정적이었다. 공동수도는 대부분 도로의 교차점에 분포하는데, 이들은 물을 담아놓는 저장용기가 부설되어 있다. 공동수도는 협소한 도로라 할지라도 교통에 방해를 최소화할 수 있는 위치거나 사당의 장소를 고려하여 설치되었다. 그러나 어떤 경우에는 공동

그림 2-22. 압본단짜 로에 위치한 사당: 폼페이 시민의 일상적 신앙생활의 중심이었다.

그림 2-23. 공동수도

수도가 도로상에 돌출된 채로 설치되기도 하였다. 이는 도시계획과 수도 설치의 시기에 차이가 있었기 때문에 빚어진 일이다. 주민들이 자택에서 가장 가까운 공동수도를 이용했음은 스노우Snow의 연구에서 밝혀진 바 있다.[6]

여기서는 지금까지 발굴된 25개의 사당과 38개의 공동수도의 위치를 근거로 근린단위를 설정하였다. 따라서 이 권역은 공동수도의 이용권인 동시에 근린의 범위라고 할 수 있다. 근린의 공간적 범위로부터 알 수 있는 것은 대부분의 시민들이 공동수도로부터 대략 80m 이내에 거주하였다는 사실이다. 자체적으로 급수시설을 구비한 주택들이 비교적 많은 시가지 동남쪽과 저지대의 조밀한 주거지역에는 공동수도의 분포가 적은 편이다. 이는 공동수도의 분포량이 물의 수요를 반영하는 것이며 또한 근린단위의 규모적 차이를 발생시킨 요인일 것이다.

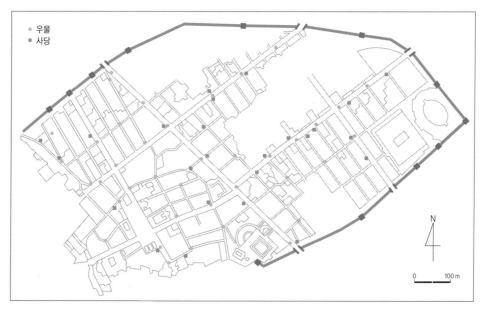

그림 2-24. 공동수도(우물)와 사당의 분포

38개에 달하는 근린은 공동수도의 개수와 일치하며 25개에 달하는 사당의 개수보다 많다. 이것은 각 근린의 주민들이 공동수도는 별도로 이용하였으나 사당은 편의에 따라 공동으로 사용했음을 시사하는 것이다. 사당은 규모가 큰 개인주택에도 설치되어 있으므로 구태여 도로변의 사당street shrine을 이용하지 않아도 무방하였을 것이다. 또한 고급주택의 경우에는 개인수도가 설치되어 있었기 때문에 공동수도를 이용하지 않았다.

　　이상의 설명으로 볼 때, 공동수도와 사당은 근린 내의 주민들 간에 동질

그림 2-25. 폼페이 시민들의 일상생활 상상도

성과 정체성을 심어주는 기능을 겸하였던 것으로 판단된다. 저자는 근린단위의 공간적 범위를 고찰하면서 앞에서 언급한 바 있는 주거지역의 사회·경제적 지위와 연계시켜 보았다. 그 결과, 하나의 근린단위에 서로 다른 유형의 주택들이 혼재한다는 사실에 주목하였다. 즉 폼페이의 사회공간은 등질적 근린이 아니라 이질적 주민들로 구성된 균형화 근린이라는 것이다. 이러한 근린이 형성된 요인은 엘리트 계급의 부유층과 노동자 계급의 빈곤층 간의 보완적 관계와 엘리트 계급 간의 경합적 관계에 의해 구조화된 결과물이라 할 수 있다.

동일한 근린단위에 거주하던 주민들의 정체성이 얼마만큼 동질적이었는지 기존의 발굴 결과와 고고학적 기록으로는 확인할 수 없다. 그러나 여기서 설정된 근린단위의 공간적 범위는 당시 비쿠스의 범위와 매우 근사했을

그림 2-26. 폼페이 근린지역의 구분

것이라는 추정이 가능하다. 근린의 주민들은 대면접촉이 빈번하였고 서로
정분을 나누었으며 도시사회의 근간을 이루었다.

:: 주 해설

1] Harverfields, F., 1913, *Ancient Town Planning*, Oxford Univ. Press, Oxford.

2] Soja, E. W., 1989, *Postmodern Geographies: The Reassertion of Space in Critical Social Theory*, Verso, London.100

3] Laurence, R., 1994, *Roman Pompeii*, Routledge, London.

4] Hiller, B. and Hanson, J., 1984, *The Social Logic of Space*, Cambridge Univ. Press, Cambridge.

5] Robinson, D. J., 1997, The Social Texture of Pompeii, in S. E. Bon and R. Jones(eds.) *Sequence and Space in Pompeii*, Oxbow Monograph 77, Oxford, 135-144.

6] Snow, J., 1965, *Snow on Cholera*, Being a Print of Two Papers by John Snow, New York.

테오티우아칸

메소아메리카 도시 연구의 의미

  멕시코 분지의 해발고도는 약 2,100m에 달하고 기후는 동남쪽에 위치한
오아하카 분지보다 냉량한 편이다. 연평균 강수량은 400~800mm로 과우지
역이지만 지역차가 존재한다. 환경생태학적으로는 남부지방이 북부지방에
비해 양호한 편이다. 북부의 강수량은 450mm인데 비하여 남부는 1,000mm
에 달하는 곳도 있다. 그리고 남부는 서리에 의한 농작물 피해가 북부보다
훨씬 적은 편이다. 멕시코 분지 전체를 통틀어 강수량이 적기 때문에 관개

테오티우아칸 유적지

농업에 의존하지 않고는 장기간에 걸쳐 많은 인구를 부양하기 곤란하다.

멕시코 분지에서는 1960년 이래 메소아메리카 최대 규모인 3,500km² 이상의 면적에 걸쳐 고고학적 발굴조사가 실시되고 있다. 멕시코 분지의 인구는 티코만기期(B.C. 600~150년) 말까지도 5,000~10,000명에 불과하였다. 분지의 북동부에 위치한 테오티우아칸에서는 B.C. 900년경에 인류의 주거가 시작되기는 하였으나 티코만기까지만 하더라도 소규모의 취락에 불과하였다. 당시 분지의 중앙은 오늘날과 달리 텍스코코라 불리는 거대한 호수가 자리잡고 있었다.

B.C. 150~A.D. 1년에는 멕시코 분지의 구릉 상에 소규모의 취락들이 형성

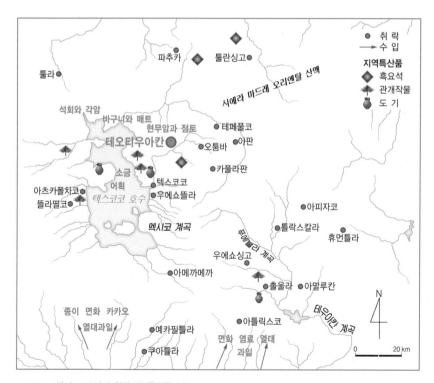

그림 3-1. 멕시코 분지의 취락 및 특산품 분포

되기에 이르렀다. 이는 집단 간의 전쟁이 격화됨에 따라 일어난 현상일 것으로 판단된다. 지역 내의 분쟁 속에서 2대 세력으로서 다른 지역을 압도한 것은 퀴킬코와 테오티우아칸이었다. 테오티우아칸의 면적은 8km², 인구는 2만 명 이상이었던 것으로 추정된다. 티코만기 멕시코 분지 전체의 인구는 9만~17.5만 명으로 증가하였고, 분지의 잠재적 농업생산력을 상회하는 일은 없었던 것 같다.

이 시기에 테오티우아칸의 중심은 후술하는 '달의 피라미드'와 산후안 강エ 사이에 있었다. 그 일대는 평탄하고 우물과 농경 최적지로부터 떨어져

표 3-1. **테오티우아칸의 역사연표**

연대	시기(멕시코 분지)	시기(테오티우아칸)	추정인구	주요사항
950	쇼메트라	코요틀아텔코	?	도시시설의 절반 파괴
800	옥스토틱팍	초기 코요틀아텔코	?	내란 및 외부세력의 침입
750	메테펙	테오티우아칸 IV	?	인구과잉, 도시 쇠퇴, 화재 발생
650	쇼랄판(후기)	테오티우아칸 III-A	200,000	국가 팽창, 도시건축물 개조
550	쇼랄판(전기)	테오티우아칸 III	200,000	경제 번영
450 / 350	틀아미미롤파(후기)	테오티우아칸 II-A-III	150,000	경제, 정치, 종교체제의 통합
300	틀아미미롤파(전기)	테오티우아칸 II-A	125,000	
200	믹카오틀리	테오티우아칸 II	80,000	성채 완성, 밀집도시의 도시계획
150	짜칼리(후기)	테오티우아칸 I-A	80,000	2개 피라미드의 완공 / 고전문화기
A.D.10	짜칼리(전기)	테오티우아칸 I	20,000~30,000	케찰코아틀 신전 등의 종교시설물 확층
0 / 150	파틀리치큐	초기 테오티우아칸	10,000	종교적 중심지 건설, 2개의 피라미드 착공
B.C.200	테조유카	퀴킬코, 티코만	5,000	인구집중

있었다. 그러므로 그 입지를 농경·상업·방어 등의 관점에서 설명하기는 어렵다. 또한 테오티우아칸은 사실상 종교적 성격이 강한 도시였다.

신대륙의 고대도시를 연구하는 의미는 인류학적 중요성에서도 찾아볼 수 있겠지만, 도시사회와 그 발전과정에 있어서 고대도시로서의 공통점이 발견될 수 있는지의 여부와 구대륙과 거의 단절된 채로 발전한 신대륙 문명이 과연 구대륙의 문명과 어떤 유사점을 갖는가를 연구하는 것에 있다. 특히 저자는 메소아메리카의 도시문명에 관한 연구가 인간사회와 문화의 공통성 및 다양성에 대하여 고찰할 수 있는 훌륭한 연구 과제라 생각하였다.

신대륙의 문명사는 인류 역사의 중요한 일부일 뿐만 아니라 현대로부터도 결코 단절된 것이 아니다. 그 문화적 전통은 약 4천만 명으로 추산되는 신대륙 원주민들 간에 계승되었고, 다양한 구대륙의 문화와 교류하면서 탄생된 현대 라틴아메리카 문화의 일부를 형성하고 있다. 저자는 1970년대부터 쏟아져 나오기 시작한 메소아메리카의 연구 성과물과 학자들 간의 논쟁 과정에서 드러난 쟁점, 테오티우아칸을 둘러싼 발굴 성과 그리고 2005년 1월과 2006년 2월 두 차례에 걸친 현지답사를 토대로 하여 연구에 착수하였다. 1987년 유네스코 세계문화유산으로 등재된 테오티우아칸에 대한 연구의 초점은 불가사의로 여겨졌던 메소아메리카의 도시문명이 어떤 배경하에서 발생하고 발달하였는가, 그리고 어떤 요인에 의해 쇠퇴하였는가에 맞춰졌다.

테오티우아칸의 기원

고대도시는 잉여 식량과 같은 잉여 생산물을 바탕으로 발생하는 것이 일반적이다. 중남미로 건너간 스페인 사람들은 처음에는 고대도시의 유적지를 보고도 그것을 도시유적으로 인정하려 들지 않았다. 주변에 잉여 식량이 될 만한 작물을 찾을 수 없었던 것이다. 그러나 그 의문은 곧 풀렸다. 메소아메리카 문명을 푸는 열쇠는 바로 옥수수였다. 옥수수는 건조저장이 용이하고 고대 메소아메리카에서 가장 큰 인구부양력을 가진 작물이었을 뿐만 아니라 도시 취락과 문명 사회를 창출해낸 원동력의 하나였다. 옥수수는 품종개량을 거듭하여 길이와 알갱이가 커져 생산성이 증대되면서 서서히 주민의 주식이 되었다. 옥수수의 기원은 멕시코 고원과 과테말라 서부 고지대에 자생하는 테오신테teosinte라는 벼과야생식물이 채집되고 이용되는 과정에서 돌연변이를 일으켜 옥수수의 조상이 되었다는 비들Beadle의 학설[1]이 여러 학설 중에 가장 유력하다.

신대륙에서 농업의 기원은 다원적이며, 서로 다른 장소에서 상이한 작물 재배가 개시되어 다른 지역으로 전파되었을 것으로 추정되고 있다. 옥수수는 메소아메리카에서 재배가 시작되어 남미와 북미 전역으로 전파되었다는 학설이 유력하다. 콩 종류와 가보차와 동일한 밭에서 재배가 가능한데, 콩은 옥수수가 토양에서 소비하는 질소를 제공한다. 또한 콩 종류는 옥수수에 부족한 아미노산의 일종인 리진을 풍부하게 함유하고 있으며, 가보차는 단백질이 많이 들어 있다. 원주민들은 이들을 섞어 식용함으로서 영양의 균형을 취할 수 있었던 것이다.

B.C. 1200년을 전후하여 멕시코만 남부의 올메크 문명을 필두로 여러 문명이 각지에서 발생하였고, 그 후 시대별 · 지역별로 독특한 문화가 흥망을 거듭하였다. 멕시코 중앙고지에서는 테오티우아칸Teotiuacan, 톨텍Tolteca, 아즈텍Azteca 등의 문명이 꽃피웠고, 오아하카 고지에서는 자포텍Zapoteca 문명과 믹스텍Mixteca 문명이 번성하였다. 치아파스 과테말라 고지와 유카탄 반도에서는 마야 문명의 흥망이 있었다. 중앙 안데스가 궁극적으로 잉카 제국에 의해 통합된 것에 비해서, 메소아메리카는 정치 · 경제 · 종교적으로

테오신테 출토된 옥수수 현대 옥수수

그림 3-2. 옥수수의 변화: 벼과식물이 돌연변이를 일으켜 옥수수가 되었다.

긴밀한 교류를 통하여 문명을 구축하는 데 성공하였다.

　고대 메소아메리카 문명은 구대륙의 4대 문명과는 매우 다른 성격과 발전과정을 보였다. 또한 중앙 안데스 문명과도 상이점이 있는가 하면 유사점도 많은 편이다. 첫째, 고대 메소아메리카 문명은 중앙 안데스 문명과 함께 구대륙 문명들의 영향을 받지 않고 신대륙에서 독자적으로 발전한 토착문명이었다. 둘째, 메소포타미아·나일·인더스·황하 문명에 비하여 메소아메리카에서는 정주농경촌락의 정착 후 비교적 단기간에 문명이 형성되었다. 셋째, 구대륙의 4대 문명 모두가 대하천 유역에서 관개농업을 발전시켰는데, 메소아메리카에서는 소하천과 용수를 이용한 관개가 주를 이루었다.

　넷째, 메소아메리카는 기본적으로 신석기 단계의 기술로 찬란한 문명을 구축할 수 있었다. 이 지역에서 금속도구가 실용화된 것은 9세기 이후의 일이다. 다섯째, 가축은 개·칠면조 등에 국한되었고, 중앙 안데스 산지에 서식하는 알파카와 같은 낙타과 동물이 없었다. 그뿐만 아니라 우유 및 유제품을 제공하거나 농경지를 경작하고 짐을 운반해 주는 대형 가축이 전무하였다. 이것이 구대륙의 가축화와도 다른 점이다. 따라서 물자의 운반은 카누가 사용되는 일부 지역을 제외하고 대부분 인력에 의존하였다.

맥니시MacNeish에 의하면,[2] 최초 메소아메리카 주민들의 생업은 채집과 작은 동물의 수렵이 주류를 이루었으며, 그들은 자연환경에 적응하여 다종다양한 식량자원을 이용한 복합적 생업을 영위했을 가능성이 높다는 것이다. 이러한 사실은 멕시코 고원의 테우아칸 계곡과 오아하카 분지에서 출토된 동식물 및 지질학적 연구 성과에 근거하여 밝혀졌다. 홍적세 말기부터 후빙기로의 전환기였던 B.C. 10000~B.C. 7000년경의 테우아칸 계곡에서는 채집 및 수렵생활을 하는 소집단이 형성되어 전체 식량의 70% 정도가 육식肉食 차지하며, 주민들이 다양하고 복합적인 생업을 영위하고 있었다.

테오티우아칸의 발전

테오티우아칸의 발전과정에서 주목해야 할 것은 이러한 고도의 인구집중과 도시계획에 바탕을 둔 거대한 건조물의 건설이 수세기에 걸쳐 형성된 것이 아니라 도시형성 초기에 한꺼번에 조성되었다는 점이다. 먼저 진북眞北보다 15°25′ 동쪽으로 틀어진 독특한 방위개념이 확립되었고, 이것에 따라 바둑판 형태의 격자형 도시설계가 수립되었다. 이 방위를 아베니Aveni 와 하르퉁Hartung은 『테오 북』, 즉 『신북神北』이라 불렀다.[3] 이처럼 방향을 틀어 기준축을 정한 이유는 도시의 주산主山에 해당하는 고르도Gordo 산의 정상부 방향에 맞추기 위함이었다. 이 각도를 기준축으로 설정한 것이 '죽은 자의 거리'였다. 메소포타미아의 우르와 같이 주요 고대도시의 설계에서는 도시의 기본축이 정해진 후에 도시골격이 결정된다.

'죽은 자의 거리 Street of the Dead'는 '달의 피라미드'에 맞춰 정해졌다. 스기야마 Sugiyama에 의하면,[4] 테오티우아칸에서 사용된 길이의 기본단위는 약 83cm였으며, 이를 바탕으로 주요 건축물의 길이와 건조물 간의 거리를 정한 것은 테오티우아칸 주민들의 우주관을 반영한 구상이었다. 당시의 인간들은 별과 하늘과 관련된 우주 공간의 기준을 산으로 삼았다. 즉 우주 공간에서 도시의 위치를 정하는 중심점 역할을 한 것이 '달의 피라미드'였는데, 이것이 고르도 산을 기준점으로 하였다는 것이다. 그런 이유에서 유래되었는지는 불확실하나 피라미드의 형태가 고르도 산과 흡사하다. 이 피라미드는 '비의 신'을 상징하였다.

메소아메리카인들은 구름과 천둥에 의해 내린 빗물을 모아주는 산의 정상에 '비의 신'이 살고 있다고 믿었다. 이와는 달리 '태양의 피라미드'를 기준으로 음력 5월 19일과 7월 25일의 양일에 칼라베라 방향이 일몰점이란 것

그림 3-3. '달의 피라미드'의 전면

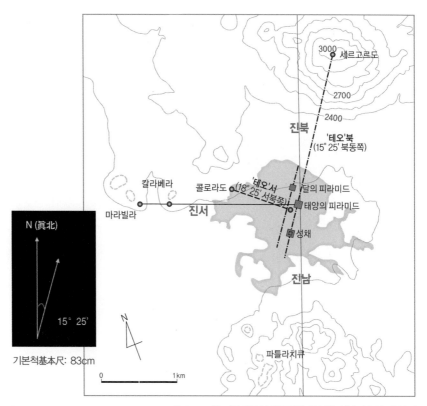

그림 3-4. 테오티우아칸의 우주관을 반영한 신북과 풍수적 입지

에 기준점을 두어 진서眞西와 15°25′ 차이가 나는 신서神西가 정해졌다고 해석할 수도 있다. 실제로 상기한 양일 정오에 태양이 이 도시를 수직으로 통과한다.

스페인 식민지 이전에 멕시코에서는 '비의 신'을 딴 지명을 틀아록Tlaloc이라 불렀다. 테오티우아칸 문명 이후에 나타난 아즈텍 문명에서도 산정山頂을 수인성 질병과 수해로부터 구원해 주는 파라다이스라 믿는 신앙이 있었다. 파츠토리Pasztory에 의하면,[5] 아즈텍의 신비는 '비의 신'임에도 불구하고, 틀아록으로써 산의 위치는 지상 최고의 존재인 듯하였다. 저자는 이러

그림 3-5. 고르도 산과 '달의 피라미드'

한 사실을 근거로 테오티우아칸의 도시계획에 풍수사상이 적용되었다고 생
각한다. 그 뿐만 아니라 '배산임수'와 '좌청룡 우백호'의 풍수적 입지원리
가 그대로 적용되었다는 것도 간과할 수 없다.

테오티우아칸 도시계획의 축이 된 것은 앞서 말한 바와 같이 도시의 중앙
을 남북으로 종단하는 이른바 '죽은 자의 거리'라는 대로大路이다. 이 대로
를 따라 20여 개의 신전 피라미드가 건설되었다. 메소아메리카에서 피라미
드는 지하세계 · 여성 · 권력 등을 상징하는 것으로 알려져 있다. 이들 가운
데 '태양의 피라미드'는 멕시코 분지의 최대 규모일 뿐만 아니라 세계 고대
문명 가운데 가장 큰 피라미드 신전의 하나이며, 지구 혹은 지하세계를 의
미하거나 여신의 상징이기도 하다.

테오티우아칸과 쌍벽을 이루던 퀴퀼코가 시드리 화산의 폭발로 쇠퇴함에
따라 A.D. 1~A.D. 150년경인 짜콸리기의 테오티우아칸은 면적 20km²에 6만
~8만의 인구를 가진 멕시코 분지의 최대도시로 급성장하였다. 흥미로운 사

그림 3-6. '죽은 자의 거리' : 도시 중앙을 남북으로 연결하는 메인스트리트

실은 이 시기의 토기가 테오티우아칸 주변에 집중적으로 분포하는 반면에 분지 남쪽에서는 거의 발견되지 않고 있다는 것이다. 이는 단순히 토기 형식의 지역차를 의미하는 것일 수도 있겠으나, 분지에 거주하던 대부분의 주민들이 테오티우아칸으로 이주했다는 증거일 수도 있다. 만약 그것이 사실이라면 이 시기에 분지내 총인구의 80~90%가 테오티우아칸에 집중했음을 의미하는 것이다.

'태양의 피라미드' 아래에는 길이 100m가 넘는 동굴이 있는데, 이는 메소아메리카에서 동굴이 신비적 세계로 가는 입구로서 종교 또는 창조신화와 밀접하게 관련되어 있었음을 의미하는 것이다. 그러나 만자니아 Manzanilla 등은 최근의 조사결과를 바탕으로 이 동굴이 자연동굴이 아니라 인공적으로 만들어진 것이라고 주장하였다.[6] 또한 스기야마는 이것이 왕묘일 가능성을 시사한 바 있다. 그리고 대로의 북쪽 끝에는 테오티우아칸에서 두 번째로 큰 건조물인 '달의 피라미드' 가 있다.

그림 3-7. 행정중심지로 부상했던 '죽은 자의 거리'의 컴플렉스

   '성채'라고도 불리는 사각형 광장을 둘러싼 대규모 기단군基壇群은 짜콸리 후기100~150년에 건축이 시작되어 믹카오틀리기150~200년에 거의 완성을 보았다. 이 신전은 '죽은 자의 거리'에서 직행하는 동서방향의 주요도로의 교차점에 위치하여 정치적 혹은 종교적으로 중요한 역할을 담당한 것으로 보인다. '시우다델라Ciudadela'라 불리는 행정관청이 바로 그것이다.

   10만 명이 수용 가능한 광장 동쪽에는 '깃털 달린 뱀의 신전'이라고도 불리는 '케찰코아틀 신전'이 있었다. 케찰코아틀 신은 깃털이 달린 뱀으로 상징된다. 20m 높이의 이 신전은 테오티우아칸에서 세 번째로 큰 건축물이다. 앞서 말한 두 피라미드가 수직성과 규모를 강조한 것에 비하여, 이 신전은 수평성을 강조한 건축양식이다.

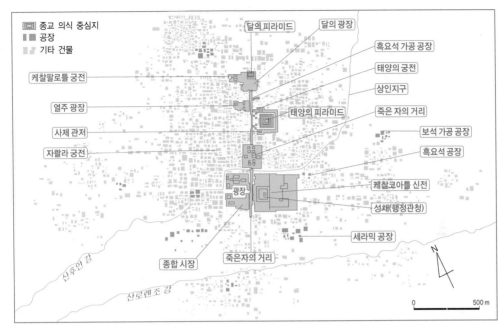

그림 3-8. 테오티우아칸의 주요 시설물 분포

종교 의식 중심지
공장
기타 건물

달의 피라미드
달의 광장
흑요석 가공 공장
태양의 궁전
상인지구
죽은 자의 거리
보석 가공 공장
흑요석 공장
케찰코아틀 신전
성채(행정관청)
세라믹 공장
죽은자의 거리
종합 시장
광장
케찰팔로틀 궁전
열주 광장
사제 관저
자콸라 궁전
태양의 피라미드
산후안 강
산로렌조 강

코길Cowgill 등의 발굴조사에 의해 신전건축과 수반하여 대량의 인신공희 人身供犧의 관습이 행해졌다는 사실이 밝혀졌는데,[7] 이 관습은 인간 희생 제 의人間犧牲祭儀, human sacrifice라고도 불린다. 애리조나 주립대학 발굴팀의 스 기야마에 의하면[8] 피장자의 총수는 발굴되지 않은 시신을 포함하여 약 200 구 정도로 추정된다. 피장자의 부장품을 조사한 결과, 부장품을 별로 갖지 않은 10대 전반 그룹, 흑요석 제품을 가진 전사戰士 그룹, 보석이 달린 장식 품을 가진 고위층 그룹으로 신분 차이가 식별되었다.

'죽은 자의 거리'를 마주한 서쪽에는 케찰코아틀 신전과 비슷한 시기에 건설된 대규모의 건축물이 있는데, 밀론Millon에 의하면[9] 광장을 둘러싼 이 들 건물은 도시의 종합시장의 기능을 가졌던 것으로 추정된다. 이 시장은

제1부 고대 도시 *113*

그림 3-9. 깃털 달린 뱀으로 상징되는 케찰코아틀

교통의 요지에 입지함으로써 도시 내에서 접근성이 양호한 위치를 점하고 있는 셈이다.

강력한 국력을 지닌 테오티우아칸의 발전 요인에 관해서는 명쾌하게 규명된 바 없다. 이는 메소아메리카 역사에만 국한된 것이 아니라 고대국가의 일반적 발전과정을 밝히는 데 있어 대단히 중요한 문제이다. 그러나 테오티우아칸 초기의 발전에 관한 문헌자료가 전무하기 때문에 발굴조사와 답사에 의존할 수밖에 없다. 그러므로 필자는 기존의 발굴조사 결과와 현지답사를 토대로 국가 발전의 기초가 된 몇 가지 조건을 추정해 보기로 하였다.

첫째, 테오티우아칸이 흑요석 원산지와 가까운 오툼바에 위치하고 있으며, 그 채굴과 유통은 이 지역의 정치·경제에서 커다란 의미를 가졌던 것으로 추정된다. 둘째, 테오티우아칸은 멕시코 분지로부터 동부와 남부로 이어지는 중요한 교역로 상에 위치한 전략적 거점이었다는 조건을 꼽을 수 있

그림 3-10. 케찰코이틀 신전에서 발굴된 시신과 인신공희의 상상도

다. 셋째, 테오티우아칸 주변은 저습지의 이용과 관개에 의한 집약적 농업이 가능했다는 점이다. 도시인구의 증가에 수반하여 관개시설에 의한 농경지의 규모가 증가하고 관개농업과 농업용수로의 건설을 관리한 지배계급의 권력도 강화되었을 것이다. 이들 조건이 국가 발전의 과정에 중대한 영향을 미쳤음에 틀림없지만, 그 중요성을 과대평가하는 것 또한 위험한 해석일 수도 있다. 이와 같은 지리적 조건의 측면에서 테오티우아칸 주변은 유리하지 않으며, 오히려 멕시코 분지의 남부지방이 대도시 발전에 적합한 조건을 갖추고 있다고 볼 수 있다.

더 본질적인 문제는 사회적 요인, 즉 사회·정치·경제 조직과 그 속에서 행해진 지배층 및 농민층의 의사결정과 행동양식에 있었던 것으로 생각된다. 또한 종교 역시 사회적으로 중요한 의미를 지니고 있었을 것으로 사료된다. 종교는 지배층의 권력을 더욱 강화할 수 있음은 물론 더 큰 사회로의 통합을 촉진시킬 수 있었을 것이다. 짜콸리 후기 테오티우아칸의 인구집중은 시드리 화산의 분화가 직접적인 계기가 되었을 것으로 추정된다. 당시 인구의 대부분을 차지하던 농민들이 농경지로부터 너무 멀리 떨어진 곳에 사는 주거형태는 농업생산의 측면에서 비합리적이다. 자발적인 인구 이동이 있었다고 한다면, 그것은 테오티우아칸의 상업적인 번성과 종교적인 중요성에 기인한 것이었을 것이다. 인구집중은 지배층의 의지를 강하게 반영한 결과였을지도 모른다. 스기야마는 테오티우아칸 초기에 행해진 대규모 도시계획과 건설을 위하여 지배층이 많은 인구를 이주시켰을 가능성을 시사한 바 있다.

그러나 이 정도의 인구집중이 지배층의 강제력만으로 이루어졌다고는 볼수 없다. 그밖에도 종교가 지배자의 권위를 정당화함과 동시에 인구집중과도시 건설의 원동력이 되었을 것으로 생각된다. 또한 인구증가에 따라 지배층의 권력이 강화됨과 더불어 도시경제가 발전하고, 이에 따라 더 많은 인구가 도시로 집중되는 상승효과를 일으켰을 것으로 추정된다.

테오티우아칸의 번영

A.D. 200~A.D. 450년에 걸친 틀아미미롤파 전기 및 후기와 쇼랄판 전기 A.D. 450~550년는 테오티우아칸이 가장 번성했던 시기에 해당한다. 23.5km² 면적에 12.5만~20만 명에 달하는 인구가 밀집해 있었던 것으로 추정되는 테오티우아칸은 당시 신대륙 최대도시였을 뿐만 아니라 최고의 인구조밀도시였다. 짜콸리 전기부터 시작된 인구집중은 멕시코 분지 총인구의 50~60%가 이 도시에 편중되는 결과를 빚었다.

건설공사가 도처에서 진행되어 총 600여 개에 달하는 신전과 피라미드가 우뚝 서있는 위용은 당시의 세계에서는 그 예를 찾아볼 수 없을 정도였다. 계획적인 도시 확대는 지배층의 의지를 반영한 결과물이었을 것이다. 테오티우아칸의 도시 확대는 시기별로 상이하였다. 도시의 골격은 짜콸리 후기에 완성되었으며, 틀아미미롤파 전기까지 도시계획에 입각한 구획 정리가 완료된 것으로 추정된다. 그러나 쇼랄판 후기에 이르자 인구팽창과 건물의 증가는 도시의 비지적 확산을 초래하였다. 특히 도시 중심부의 남쪽과 서쪽 방향의 확대가 컸던 것으로 추정된다. 행정·외교·종교 등의 업무는 대부분 도시의 중심부에서 조정되었다.

이 시기의 도시주민은 대부분 여러 세대가 함께 거주한 아파트 형태의 공동주택에 거주하였다. 석벽으로 둘러친 건물 내부에는 여러 개의 방이 배치되고 중정과 회랑을 비롯한 신전이 있었다. 이러한 공동주택은 발굴 결과 2,000여 채에 달하는 것으로 밝혀졌다. 공동주택에는 평균 60~100명이 거주하면서 공동으로 종교의식과 일상생활을 영위했을 것으로 짐작된다. '태양의 피라미드' 동쪽에 있었던 공동주택에는 비교적 하류계급이 거주했다고 밝혀진 사실을 미루어 볼 때, 도시 중심부에는 상류층, 외곽부에는 하류층이 거주했던 것으로 추정된다. 그뿐만 아니라 테오티우아칸 일대에 자생하고 있는 각종 선인장은 화려한 벽화를 비롯한 예술품을 남겼고, 술의 원료가 되었다.

평탄부에 건설된 테오티우아칸의 입지는 방어에 적합하지 않은 것으로 보아, 방어 문제는 중요한 입지요인이 아니었던 것으로 생각된다. 그렇다고 하여 방어를 완전히 소홀히 여겼던 것은 아닌 것 같다. 2,000여 개에 달하는 공동주택의 건설은 방어를 염두에 둔 도시계획이었다. 외부로부터의 침입자는 석벽으로 둘러싸인 건물 사이를 통과해야만 도시 내부로 진입할 수 있도록 설계되었다.

테오티우아칸이 가장 번성했던 시기에는 인구의 25~33%가 농업이 아닌 각종 행정·종교·교역·공산품 생산 등의 비농업활동에 종사하고 있었던 것으로 추정된다. 이 결과는 정확한 발굴조사에 기초한 계량적 자료에서 얻

그림 3-11. 화려한 테오티우아칸의 벽화

그림 3-12. 테오티우아칸의 시기별 도시 확대

어진 것은 아니지만, 농민이 공산품을 생산하는 겸업농가였을 가능성을 부인할 수 없다. 확실한 것은 테오티우아칸의 경제기반은 농업이었으며, 대부분의 주민은 제1차 산업종사자였다는 것이다. 농민은 도시 외곽의 농경지에서 농사를 지었을 것이며, 대인구의 부양을 위해서는 잉여 생산물이 도시로 운반되었을 것이다. 따라서 도시의 기반/비기반 비율인 B/N비는 중세 및 현대도시와 달리 낮았을 것으로 짐작된다.

테오티우아칸에서 생산된 상품의 유물은 멕시코 분지뿐만 아니라 메소아메리카 전역에 걸쳐 발견되고 있다. 이는 테오티우아칸이 광범위한 지역에 걸쳐 교류했었음을 시사하는 것이다. 고전기古典期의 아즈텍 제국이 성립된 이후에 메소아메리카 역사상 테오티우아칸만큼 광역적 교류를 행한 도시는

그림 3-13. 공동주택 유적지

없었다.

　멕시코 분지에서 테오티우아칸과 타지역 간의 관계에 대해서는 학자들 간의 의견이 분분하다. 그 중 하나는 '테오티우아칸 상업제국론'이다. 이 학설은 녹색 흑요석 석기의 원거리무역이 테오티우아칸 도시국가 형성에 중요한 역할을 담당했다는 사실에 근거한 것이며, 흑요석의 독점적 교역으로 상업제국을 발전시킬 수 있었다는 주장이다. 그러나 클라크Clark는 테오티우아칸의 지배자가 흑요석의 채굴과 유통을 통제하였을 가능성이 높긴 하지만, 대부분의 흑요석 돌칼 등은 각 공동주택 내에서 독자적으로 생산되었음을 지적하였다.[10] 그러므로 스펜스Spence가 주장한 것처럼[11] 테오티우아칸은 수출보다는 주로 도시 내 소비를 위하여 흑요석 석재석기를 생산했을 가능성이 높다.

테오티우아칸의 쇠퇴

메테펙 말기에 접어들면서 테오티우아칸의 도시문명이 붕괴하기 시작하였다. '죽은 자의 거리'에 있던 건축물과 신전·피라미드 등이 불에 타 파괴되었다. 선행연구에서는 테오티우아칸이 파괴된 시기를 A.D. 750년경으로 추정했었으나, 최근 코길에 의해 A.D. 650년경으로 수정된 바 있다.

A.D. 600년 이후, 건물·토기 등의 유물·유적에서 테오티우아칸의 영향을 발견할 수가 없게 된다. 또한 메테펙 기의 테오티우아칸에서는 전사戰士가 벽화에 빈번하게 묘사되기 시작하였다. '케찰코아틀 신전'의 건축물이 증·개축되었으나 중앙광장의 출입이 제한되었고 방어성이 증대되었다. 이런 현상은 테오티우아칸의 지배층이 직면한 국난을 상징하는 징표일지도 모른다. 쇠퇴 직전에는 인구가 조금씩 감소했을 가능성도 있다. 가뭄이 지속된 흔적도 발견되었으며, 농업생산력이 저하되어 도시인구를 부양하는 데 심각한 문제에 봉착했을 가능성도 배제할 수 없다.

구체적으로 어떤 요인이 테오티우아칸을 파괴시켰는지 불분명하나, 밀런은 건축물에 대한 파괴 활동이 도시 중앙부의 신전과 궁전에 집중된 점을 들어 테오티우아칸 내부에서 반란이 일어났던 것으로 추정하였다. 이에 대하여 코길은 내부반란으로 인한 파괴보다는 외부세력의 침략에 의해서도 그와 같은 파괴가 가능하다고 주장하였다. 그는 나와계系의 부족들을 염두에 두었던 것이다. 테오티우아칸의 도시주거는 다음 시기에도 지속되었으나, 이전과 같은 번영은 없었다. 수세기 후에 멕시코 분지를 장악한 아즈텍족은 완전히 폐허화되긴 하였으나 거대한 피라미드에 감명을 받은 나머지 이곳을 TEOTIHUACAN이라고 명명하였다. 그것은 '신神들의 장소'란 의미였다. 이방인들에게는 정말 신들이 있던 장소로 보였을 것이다.

테오티우아칸과 타지역 간의 교류

테오티우아칸에서 생산된 상품의 유물은 멕시코 분지뿐만 아니라 메소아메리카 전 지역에 걸쳐 발견되고 있다. 이는 테오티우아칸이 광범위한 지역에 걸쳐 교류했었음을 시사하는 것이다. 고전기 아즈텍 제국이 성립된 이후에 메소아메리카 역사상 테오티우아칸만큼 광역적 교류를 행한 도시는 없었다. 이에 관해서는 여러 학자들의 다양한 견해가 있다.

일부 학자들은 테오티우아칸이 원거리무역으로 흑요석·카카오·케찰깃털·비취 등의 물자를 획득하기 위하여 영토확장을 꾀한 국가였다고 주장한 바 있다. 특히 샌더스와 샌틀레이는 테오티우아칸이 고전기 메소아메리카에서 흑요석 교역을 독점하여 상업국가를 형성할 수 있있다고 주장하였다.[12] 이에 대하여 밀런은, 테오티우아칸이 직접적으로 지배한 범위는 멕시코 분지와 인접지역을 포함한 약 2.5만 km^2 정도에 불과하며, 그 인구는 약 30만~50만 명 정도였다고 주장하였다. 다시 말해서 그는 테오티우아칸의 지배력이 선행연구에서 과대평가되었음을 지적하면서 광역지배설과 상업제국설을 강력히 비판하였다.

이와 같은 문제를 생각할 때 중요한 점은 과연 테오티우아칸으로부터 사람·물자·정보가 타지역에 일방적으로 유출되었는지의 여부에 있다. 가령, 도시 중심부의 동쪽에 위치한 '상인 지구'에서 발견된 마야 저지대와 멕시코 해안 저지대에서 생산된 토기의 존재는 이 지역과 타지역 간의 교역 관계를 시사하는 것들이다. 동시에 테오티우아칸의 지배자가 토기가 도시 내외에서 유통되는 것을 통제했을 가능성을 암시하는 증거물도 된다. 그러나 멕시코 분지 내의 다른 취락에서는 토기와 흑요석이 유통되지 않은 사실로 미루어 보아 테오티우아칸이 교역로 상에 위치한 중간역할을 담당했을 가능성이 크다.

그림 3-14. 녹색 흑요석(좌측)과 케찰(우측)

앞서 말한 바와 같이 클라크는 테오티우아칸에서 출토된 흑요석 석제석기를 재검토한 바 있다.[13] 그의 주장에 의하면, 선행연구의 결과처럼 국가가 흑요석 생산을 통제하였다는 명확한 증거가 없다는 것이다. 테오티우아칸의 지배자가 흑요석의 채굴과 유통을 통제하였을 가능성이 높긴 하지만, 대부분의 흑요석 돌칼은 각 아파트 건물내에서 독자적으로 생산되었다. 그러므로 테오티우아칸은 수출보다는 주로 도시내 소비를 위하여 흑요석 석재석기를 생산했을 가능성이 높다.

이 도시와 원거리교역의 규모는 테오티우아칸 상업제국론자商業帝國論者가 주장하는 것과 달리 주로 지배층 간의 소규모에 불과하였던 것으로 추정된다. 테오티우아칸으로부터 1,100km 떨어져 있는 유카탄 반도 남쪽의 카미날주유Kaminaljuyu에서 다량의 테오티우아칸 유물이 출토된 바 있다. 그러나 그 지역을 벗어난 곳에서는 그 유물이 출토되지 않았다. 카미날주유의

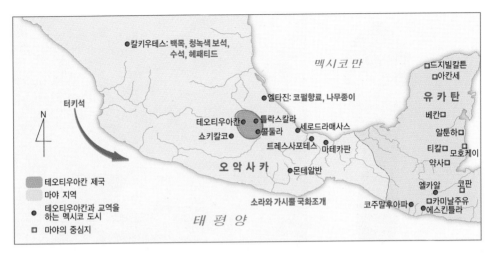

그림 3-15. 테오티우아칸의 교역 범위

주민들은 대부분 그들의 문화적 전통을 유지해 온 토착민들이었다. 카미날주유 유적지를 조사한 오이大#는 테오티우아칸이 카미날주유를 침략·파괴·점령하고 정치적 통치를 행하여 마야 지역에 대한 지배거점을 마련했었다고 주장하였다.[14]

그러나 데마레스트Demarest와 포이아스Foias는 카미날주유의 지배자가 자신의 지배력 강화를 위하여 테오티우아칸의 호화스런 물품을 수입했을 뿐이라고 반박하였다.[15] 이들의 첨예한 의견대립과 달리 프라이스Price는 카미날주유가 교역과 통제를 위한 테오티우아칸의 월경지적 영토越境地的 領土였을 것이라는 중간적 절충설을 제기하였다.[16] 그들은 카미날주유가 모국인 테오티우아칸과의 관계를 유지하면서 정치적으로는 독립해 있었다고 추론한 것이다. 사실 테오티우아칸의 문화적 색채가 농후한 유물이 마야 지역에서 출토된 예는 코판Copan, 티칼Tikal 등의 도시에서도 찾아볼 수 있다.

그리고 테오티우아칸으로부터 남동쪽으로 415km 떨어진 마테카판

Matecapan에서도 테오티우아칸의 문화적 요소가 다분한 유물이 다량 출토되었다. 그 유물을 조사한 샌틀레이는 이 도시가 교역을 통제하기 위한 테오티우아칸의 월경지였다고 주장하였으나, 5년 후에 자신의 주장을 철회하였다.[17] 이러한 혼란은 각지에서 출토된 테오티우아칸의 문화적 요소를 해석하기가 어렵다는 데에서 비롯된다. 카미날주유에서 발견된 유물은 대부분 지배층과 국가종교에 관련된 것에 비하여, 마테카판에서는 테오티우아칸의 민중수준의 종교의식과 관련된 유물도 널리 분포한다는 점에서 커다란 차이를 보인다.

:: 주 해설

1] Beadle, G., 1980, The Ancestry of Corn, *Scientific American*, 242(1), 112-119.

2] MacNeish, R. S., 1964, Ancient Mesoamerica Civilization, *Science*, 143, 531-537.

3] Aven, A. S.i and Hartung, H., 1982, New Observations of the Pecked Cross Petroglyph, in F. Tichy(ed.), *Space and Time in the Cosmovision of Mesoamerica*, 43rd International Congress of Americanists, Vancouver, 25-42.

4] Sugiyama, S., 1993, Worldview Materialized in Teotiuacan, Mexico, *Latin American Antiquity*, 4, 103-129.

5] Pasztory, E., 1976, *The Murals of Tepantitla, Teotiuacan*, Garland Publishing, New York.

6] Manzanilla, L. et al.,1994, Caves and Geophysics: An Approximation to the Underworld of Teotihuacan, Mexico, *Archaeometery*, 36(1), 141-157.

7] Cowgill, G., 1992, Toward a Political History of Teotihuacan, in A. Demarest and G. Conrad(eds.), *Ideology and Pre-Columbian Civilizations*, School of American Research, Albuquerque, 87-114.

8] Sugiyama, S., 1992, Rulership, Warfare, and Human Sacrifice at the Ciudadela: An Iconographic Study of Feathered Serpent Representations, in J. Berlo(ed.), Art, *Ideology, and the City of Teotihuacan*, Dumbarton Oaks, Washington,

D.C., 205-230.

9] Millon, R., 1988, The Last Years of Teotihuacan, in N. Yoffee and G. Cowgill(eds.), *The Collaps of Ancient States and Civilization*, University of Arizona Press, Tucson.

10] Clark, J. E., 1986, From Mountains to Molehills: A Critical Review of Teotihuacan's Obsidian Industry, in B. Isaac(ed.), *Economic Aspects of Prehispanic Highland Mexico*, JIA Press, Greenwich, CT, 23-74.

11] Spence, M., 1987, The Scale and Structure of Obsidian Production in Teotihuacan, in E. McClang de Tapia and E. Rattray(eds.), *Teotihuacan: Nuevos Datos, Nuevas Sintesis, Nuevos Problemas*, Universidad Nacioal Autonoma de Mexico, Mexico.

12] Sanders, W., Parsons, J. and Santley, R., 1979, *The Basin of Mexico: Ecological Processes in the Evolution of a Civilization*, Academic Press, New York.
Santley, R., 1983, Obsidian Trade and Teotihuacan Influence in Mesoamerica, in A. Miller(ed.), *Highland-Lowland Interaction in Mesoamerica*, Dumbarton Oaks, Washington, D.C., 69-124.

13] Clark, J. E., 1986, From Mountains to Molehills: A Critical Review of Teotihuacan's Obsidian Industry, in B. Isaac(ed.), *Economic Aspects of Prehispanic Highland Mexico*, JIA Press, Greenwich, CT, 23-74.

14] 大井邦明, 1985, 消された歴史を掘る: メキシコ古代史の再構成, 平凡社, 東京.

15] Demarest, A. and Foias, A., 1993, Mesoamerican Horizons and the Cultural Transformation of Maya Civilization, in D. Rice(ed.), *Latin American Horizons*, Dumbarton Oaks, Washington, D.C., 147-192.

16] Price, B., 1978, Secondary State Formation: An Explanatory Model, in R. Cohen and E. Service(eds.), *Origins of the State: The Anthropology of Political Evolution*, Institute for the Study of Human Issues, Philadelphia, 161-186.

17] Sanders, W. et al., 1979, *The Basin of Mexico: Ecological Processes in the Evolution of a Civilization*, Academic Press, New York.

잉카제국의 잃어버린 도시

마추픽추

안데스 산지에 정착한 인류

　　남아메리카의 험준한 안데스 산맥에 남북으로 5,000km에 걸친 광대한 영
토를 지배한 잉카제국이 존재했었다는 사실은 이미 알려진 바 있다. 인간이
처음 안데스 산맥의 고산지대에 도달하여 거주하기 시작한 것은 지금으로
부터 12,000년 이전 또는 22,000년 이전의 일로 학자마다 달리 추정하고 있
다. 그들은 동굴에 거주하거나 땅을 파서 돌을 덮은 형태의 혈거생활을 영
위하면서 야생의 동식물을 식량으로 이용한 수렵인이었다. 해발고도
4,000m가 넘는 고원에는 이후에 가축화되는 야생의 낙타과 동물인 라마가
서식하였고, 당시의 채집수렵인의 대부분은 고원지대에 거주하고 있었다.

마추픽추 유적지

그림 4-1. 낙타과 가축 라마와 인디오 소녀들

그들과 달리 산 아래의 곡저부에서는 수렵생활과 섬유용 식물을 중심으로 한 경작과 채집생활이 동시에 영위되었다. 잉카족은 중앙 안데스 지역을 지배하던 민족이며 케추아족이라고도 불린다. 그들은 남부의 아이마라족이나 북부의 창카족 등과 함께 페루 인디오의 한 집단이다.

곡저부에 거주하던 사람들에 의해 식물의 재배가 시도되어 작물화에 성공하였고, B.C. 5000년경이 되어 표주박·콩 등의 재배가 행해지기 시작하였다. 구소련의 식물지리학자 바빌로프Vavilov의 이론에 의하면[1] 아메리카 대륙 중 메소아메리카와 안데스 일대는 식물의 변이성 형성의 중심지이다. 그러므로 잉카는 일찍이 작물화에 성공한 것으로 간주된다. 잉카인들 중에는 농경과 어로를 겸한 생업을 영위하면서 해산물이 풍부한 해안지대로 영역을 넓혀 나가는 사람들도 있었다. 그래서 B.C. 3000년경에는 해안지대의 곳곳에 대규모 취락이 등장하였다. 한편, 산악지대의 따뜻한 곡저부에도 정주定住 혹은 반정주semi-settlement의 흔적이 발견되고 반농반렵半農半獵의 생활이 영위되었던 것으로 추정된다.

이 장은 1911년 미국 예일 대학교 고고학 교수였던 하이람 빙엄Hiram Bingham 1875~1956에 의해 발견된 것으로 알려진 잉카문명의 고대도시 마추픽추의 성쇠를 고찰하는 데 목적이 있다. 마추픽추Machu Picchu는 '늙은 봉우리'란 의미의 케추아어語에서 유래되었다. 페루 우루밤바 계곡의 해발 약 2,340~2,400m의 고산지대에 입지한 마추픽추는 산 아래에서는 그 존재를 확인할 수 없으므로 종종 '공중도시' 혹은 '공중누각' 또는 '잉카의 잃어버린 도시'로 불리거나 '잉카의 보물'이라 일컬어지고 있다. 그 때문에 마추픽추 유적지는 약 400여 년 이상을 세상에 알려지지 않은 채 잠들어 있었던 것이다.

이 유적지는 열대 밀림지대의 중앙에 위치하여 식물의 다양성이 풍부하며 아직 밝혀지지 않은 수수께끼가 많다. 행정구역상으로는 쿠스코와 같은 지역에 속해 있다. 현재 페루에는 10개소의 유네스코 세계문화유산이 있는데, 그 중 마추픽추는 1983년 쿠스코와 함께 최초로 유네스코에 등재된 유적지이다. 저자는 2006년 2월 13일~15일에 걸쳐 마추픽추를 비롯한 쿠스코와 우루밤바 일대를 답사하면서 잉카제국의 도시를 조사하였다. 잉카의 도시들은 중세에 이르러 멸망하였지만, 저자는 지역적 특성상 고대도시로 편입시켜 기술하였다.

잉카제국의 형성과 몰락

B.C. 1500년경에 이르러 안데스 산맥 일대에 정착한 주민들은 토기와 면직물 직조기술을 발달시켰고, 그들의 농업이 주된 생업으로 확립되면서 신전건축은 대규모화되었다. 초기 소규모의 신전이 출현한 것은 B.C. 2000년경의 일이었다. B.C. 1250년경에 안데스 산맥의 고산지대에 산발적으로 부족사회가 형성되었다. 빈족 · 차빈족 · 치무족 · 나스카족 · 티아우아나코족 등이 그들이다. 신관은 종교뿐만 아니라 정치적 리더의 역할을 담당하기에 이르렀고, B.C. 1000년을 전후해서는 지역별로 독특한 토기 양식과 신전건축을 지닌 지방문화가 꽃피었다. B.C. 600년경에는 우아리 지방에서 유입된 부족이 약 200여 년 동안 서부 안데스 지방을 지배하였다. 이때부터 미라를 매장하는 풍습이 생겨났다.

B.C. 200년경이 되어 기존의 문화가 정체를 보이기 시작하면서 새로운 형태의 문화가 안데스 산지의 곳곳에 출현하였다. 900년에 우아리 부족이 사라지고 여러 부족으로 갈라진 후 700년경에는 현란했던 지방문화의 발전기가 종지부를 찍는 듯하였으나, 1000년경부터는 지역별로 군사와 정치에 중점을 둔 새로운 사회의 지방문화가 부흥하였다. 그리고 1200년을 전후하여

국가형성기로 진입하게 되어 각지에 산발적으로 왕국 또는 수장국 등의 정치조직이 성립하였다. 그 중에서 가장 강대하였던 것은 페루 북부해안의 찬찬Chan Chan이라는 대도시를 중심으로 세력을 뻗친 치무Chimu 왕국이었다. 잉카제국은 그들 여러 왕국 중 가장 늦게 나타나 치무 왕국을 비롯하여 각지의 지방적 정치조직을 통합하고 안데스 산지 전역에 걸친 통일국가를 형성한 것으로 밝혀진 바 있다.

잉카제국을 건설한 잉카족의 기원에 관해서는 정확히 알려진 것이 없어 불분명하다. 그러나 16세기에 잉카를 정복한 스페인인이 채집한 전설에 의하면, 망코 카파크Manqu Qhapaq라는 전설적 인물이 13세기 경 자신의 부족

그림 4-2. 하늘에서 본 고원도시 쿠스코 시가지: 세계의 배꼽으로 알려져 있다.

을 이끌고 페루 남부의 쿠스코에 정주하여 그곳에 태양의 신전을 축조하였다고 전해진 바 있다. 초대 황제로 즉위한 망코 카파크는 태양의 아들로서 추앙을 받았다. 그 뒤를 이어 1230년을 전후하여 2대 황제인 신치 로카Sinchi Ruq'a가 부족을 다스리게 되면서부터 다른 부족에 대한 정복을 시작하였다.

초대 황제부터 제7대 황제인 야와르 와각Yawar Waqaq에 이르는 황제의 계승은 역사성이 희박하여 사실여부를 확인하기 어렵다. 그러나 13~14세기에 잉카족이 쿠스코를 중심으로 한 한정된 영역을 정치적으로 지배하며 주변의 다른 부족, 특히 티티카카 호湖 북쪽의 아이마라족과 대치하였던 것은 거의 확실하다. 잉카제국이 쿠스코를 기반으로 급격히 세력을 확대하기 시

표 4-1. **잉카제국의 연대표**

왕조	순위	재위 기간	황제명
제1왕조	1	1200년 전후	망코 카파크(Manqu Qhapaq)
	2	1230년 전후	신치 로카(Sinchi Ruq'a)
	3	1260년경~1290년경	로케 유팡키(Lluqi Yupanki)
	4	1290년경~1320년경	마이타 카파크(Mayta Qhapaq)
	5	1320년경~1350년경	카파크 유팡키(Qhapaq Yupanki)
제2왕조	6	1350년경~1380년경	잉카 로카(Inka Ruq'a)
	7	1380년경~1410년경	야와르 와각(Yawar Waqaq)
	8	1410년경~1438년	비라쿠차(Wiraqucha)
	9	1438~1471년	파차 쿠티크(Pacha Kutiq)
	10	1471~1493년	투파크 잉카 유팡키(Tupaq Inka Yupanki)
	11	1493~1527년	와이나 카파크(Wayna Qhapaq)
	12	1527~1532년	와스카르(Waskhar)
	13	1532~1533년	아타 왈파(Ataw Wallpa)
	14	1533년	투파크 왈파(Tupaq Wallpa)
1533년 이후	15	1533~1544년	망코 잉카 유팡키(Manqu Inka Yupanki)
	16	1545~1560년	사이리 투파크(Sayri Tupaq)
	17	1560~1571년	티투 쿠시 유팡키(Titu Kusi Yupanki)
	18	1571~1572년	투파크 아마루(Tupaq Amaru)

작한 것은 15세기 초에 제9대 황제로 즉위한 파차 쿠티크Pacha Kutiq 때의 일이다. 그 이후의 역사는 구전에 의해 연대기순으로 전해진 자료가 존재하므로 구체적이다.

잉카제국이 발전한 것은 잉카족과 창카족 간의 전쟁이 계기였다. 창카족은 쿠스코 남서부의 안다와이러스 지방에 본거지를 두고 페루 중부고원의 아야쿠초 지방까지 정치적으로 지배하였던 대부족이었으나, 당시 쿠스코의 황태자였던 파차 쿠티크가 그들을 물리친 것을 계기로 영역을 넓힐 수 있었다. 그는 영토확장과 더불어 태양신전을 개축하고 정치적 통합을 위한 정신적 중심이 되기 위하여 쿠스코의 면모를 일신하였다. 그 후로도 파차 쿠티크는 티티카카 호수 남쪽의 아이마라족을 복속시키고 페루 고원의 북부까지 점령하였다. 또한 영토확장과 동시에 정복지에 관리를 파견하여 정치조직을 쿠스코의 산하에 놓는 일도 적극 추진하였다.

잉카인들은 절벽을 깎아내고 골짜기에 다리를 놓아 사람은 물론 각 지역의 특산물과 정보가 이동하기 쉽게 만들었다. 잉카인들이 건설한 도로는 총 4만km에 달한다. 이것이 그 유명한 '잉카왕도'의 도로망인 것이다. 이와 동

그림 4-3. 잉카왕도와 중심지

그림 4-4. 절벽에 개설된 잉카왕도

시에 교통로의 정비는 무력정복의 확대를 더욱 용이하게 만들었고 도시간의 기능적 보완관계 역시 원활하게 해주었다. 그러므로 잉카제국의 도로는 통일을 위해 반드시 필요한 사회기반시설이었다.

정복전쟁은 제10대 황제에도 이어져 현재의 에콰도르를 비롯한 칠레 및 아르헨티나 북부지방까지 잉카제국의 영토로 편입되었다. 잉카제국의 근본적 형태가 완성된 것은 바로 이 무렵이었다. 제11대 황제인 와이나 카파크 Wayna Qhapaq 시대에 들어와서는 영토확장은 없었으나 각종 제도를 정비하는 내치에 주력하는 한편 에콰도르 변경지역의 개척에 힘을 쏟았다. 이 때문에 황제가 수도 쿠스코를 떠나게 되는 횟수가 빈번해졌고, 쿠스코를 중심으로 하는 지배층과 에콰도르의 키토를 중심으로 하는 지배층 간에 대립이 생기게 되었다. 그러다 1525년 와이나 카파크가 사망하자 두 아들 중 하나인 와스카르 Waskhar는 쿠스코에, 또 다른 아들 아타 왈파 Ataw Wallpa는 키토에 본거지를 두고 서로 대립하게 됨에 따라 제국은 분열되었다.

32년에 걸친 전쟁 끝에 키토의 아타 왈파가 쿠스코 세력을 격파하였으나 국력은 매우 약화되었다. 왕권 다툼과 내분이 거대 제국의 멸망을 재촉하였던 것이다. 그 직후, 프란시스코 피사로 Francisco Pizarro가 이끄는 스페인 정복자들이 1532년 페루에 침입하여 북부 고원지대의 도시 카하마르카에서 아타 왈파가 체포됨으로써 잉카제국은 붕괴하였다. 쿠스코까지 점령한 스페인 군대는 망코 잉카 유팡키 Manqu Inka Yupanki 황제의 이복동생을 허수아비 황제로 내세워 식민통치를 시작하였다. 망코는 1536년 10만 명의 잉카인을 거느리고 빌카밤바에 새로운 수도를 세우며 반란을 일으켰고 쿠스코의 북서쪽 계곡을 거점으로 그의 아들들이 71년간 저항을 계속하였다. 1572년 망코의 아들 투파크 아마루 Tupaq Amaru는 새로운 황제가 되어 스페인 군대와 치열한 전투를 계속하였으나, 1572년 빌카밤바마저 피사로의 군대에 함락되었다.

그림 4-5. 잉카제국의 취락체계: 10명 내외의 충카를 기본단위로 취락이 시스템을 이룬다.

오늘날 페루 일대에 위치했었던 잉카제국은 1438~1533년에 걸쳐 번성한 제국인데, 케추아어로 '타완티 수유Tawanti Suyu'라 불렸다. 잉카제국의 토지는 모두 황제에 귀속되어 있었고, 촌락의 농경지는 잉카·태양신·백성을 위하여 3등분되어 있었다. 각 취락의 인구는 10명, 100명, 1,000명마다 하나의 집단으로 구성되어, 이들을 각각 충카·파차카·와랑카라 불렀다. 또한 10,000명의 집단을 우뉴, 그것을 3~4개 합쳐놓은 와망Wamang이 존재하였다그림 4-5. 잉카제국은 와망의 집합체인 4개의 수유Suyu로 나뉘어, 각 수유의 모서리가 서로 맞닿은 중앙적 위치에 '세계의 배꼽Qusqu'인 수도 쿠스코가 입지하였다. 수유나 와망의 수장은 원칙적으로 잉카족 중에서 임명되었다.

25~50세까지의 잉카 남자들은 납세의 의무를 지녔으며, 그것은 모두 공공사업에 동원되는 부역의 형태를 취하였다. 공공사업이란 농사와 도로 및 교량건설 등이었다. 이 의무를 실행하기 위해 100명 규모의 파차카와 1,000명 규모의 와랑카 수장은 연령별 인구를 점검하여 순찰사에게 보고하는 의무를 지녔다. 잉카의 경제에는 화폐가 존재하지 않았으므로 물물교환에 의

해 유통이 이루어졌다. 일반 백성들은 잉카로부터 부여받은 토지를 일정 기준에 의한 분배를 받아 경작하며 생활하였다. 버나드Bernand에 의하면[2] 노인을 비롯한 과부와 고아 등의 계층에 대해서는 잉카와 태양신의 농경지에서 수확된 농산물의 일부를 지급하였다. 잉카제국의 주민들은 이와 같이 질서정연한 피라미드형 지배체계 속에 편입되어 생활하였다.

잉카문명 중에서 가장 주목받는 것은 잉카 특유의 정치·사회조직일 것이다. 정치적으로는 절대권력의 황제에 의한 중앙집권적 전제정치의 체제였고, 사회적으로는 잉카 휘하에 친족으로 구성된 지배층과 평민으로 나누어져 있는 계층사회였다. 그러나 평민을 위한 사회보장이 완비되어 있었으므로 잉카제국의 정체를 신권적 사회주의 또는 사회주의제국이라 부르는 휴잇Hewett과 같은 학자도 있다.[3]

지금까지의 선행연구에 의하면 이와 같은 잉카제국의 체계적인 정치·사회조직은 안데스 세계에서 잉카인에 의해 창출된 것으로 알려져 왔으나, 최근 들어 기존의 사실과 다른 견해가 제기되고 있다. 즉 잉카제국의 각종 시스템은 잉카 이전부터 전해 내려오던 기존의 지방적 정치·사회조직에 의거하고 있다는 사실이다Hewett, 1968. 결국 잉카는 안데스의 광대한 지역을 변혁한 것이 아니라 기존의 전통적 제도와 조직체계를 원용해 가면서 통합하였던 것이다.

마추픽추의 발굴경위

마추픽추는 앞서 이야기했듯 험준한 산 정상부에 위치하고 있기 때문에 사람들의 눈에 띄지 않았다. 황금을 찾아 잉카제국의 영토였던 지역을 샅샅이 뒤진 모험가들도 설마 이처럼 깎아지른 듯한 절벽 위에 도시가 있을 것이라는 사실은 상상조차 하지 못하였을 것이다. 빙엄 역시 마추픽추 근처까지 근접했으나 발견하지 못한 채 산에서 내려오다 현지 주민이 알려주어 겨우 찾아간 것으로 전해지고 있다.[4]

　빙엄은 1875년 11월 19일 하와이 호놀룰루의 선교사 집안에서 출생하여 청교도적인 엄격한 가풍 속에서 성장하였다. 그 생활로부터 일탈을 꿈꾸던 그는 가업을 이어받아 선교사가 될 것이라는 주변 사람들의 기대와 달리 개방적 분위기의 예일대학으로 진학하여 부유층과 어울리게 되었다. 1900년 상류층의 여인과 결혼한 빙엄은 1905년 하버드 대학에서 박사학위를 취득하였으나 처가의 기대에 부담을 느껴 1909년에 도피성 여행에 나섰다. 그는 라틴아메리카에 매료되어 리마와 부에노스아이레스 간을 여행한 후, 동일한 방법으로 잉카의 영토를 가능한 모두 답사하려는 계획을 세웠다. 그러다 쿠스코 인근의 아프리마크 주지사로부터 산속 어딘가에 '황금 보따리'라 불리는 유적이 있을 것이라는 제보를 받았다. 그 일대를 가로질러 흐르는 아프리마크 강에는 당시 교량이 없었고 거의 대부분이 밀림으로 덮여 있어

그림 4-6. 당시 하이람 빙엄의 모습

서 접근조차 어려웠다.

　모험심에 충만한 빙엄은 후원금을 마련하여 1911년 여름에 6명의 전문가를 거느리고 본격적인 탐험에 나섰다. 그는 잉카 망코와 그의 자식들이 1572년까지 스페인에 저항하며 숨어살던 은신처 빌카밤바를 밀림 속에서 찾을 수 있을지도 모른다는 희망을 가지고 있었다. '빌카'는 잉카에서 신성시되는 나무인 '윌코'에서, 그리고 '밤바'는 계곡이란 말에서 유래되었다. 오늘날에도 이곳에는 윌코 나무가 자생하는 계곡이 많고 잉카인들이 태양신에 제사를 지내던 '만당고'가 위치해 있어 신성시되던 곳이다. 그러나 그가 입수한 정보는 16세기 연대기 작가의 증언과 성聖 아우구스티누스 선교사 맥나인S. E. McNairn이 남긴 메모였는데 모두 신뢰할 수 없는 내용이었다.

　빙엄은 우루밤바 강 유역 일대를 답사하면서 수많은 유적을 발견하였다. 그러다 어느 농원에서 일하는 현지 주민 인디오로부터 정보를 수집하여 '로저스파타'라 불리는 유적지를 보게 되었다. 그곳은 앞서 언급한 선교사가 남긴 메모 내용과 일치하는 것이었다. 빙엄은 비트코스를 발견한 것이었다. 그러나 그 유적지는 망코의 활동무대였던 빌카밤바가 아니었다. 천신만고 끝에 그는 아푸리마크 협곡으로부터 우루밤바 계곡으로 이동하여 그곳의 인디오 도움을 받아 목적지에 도달할 수 있었다. 1911년 7월 어느 날의 일이었다.

　그의 눈앞에 펼쳐진 마추픽추는 그 동안의 고생을 한순간에 잊게 만드는 감동이었다. 와이나픽추와 나란히 천연의 요새 위에 건조된 도로와 계단, 건축물, 신전, 가옥 등의 고대도시가 빙엄의 시야에 들어왔다. 마추픽추는 더 이상 아무도 모르는 잃어버린 도시가 아니었다. 망코 황제의 재물은 흔적도 없이 사라져버린 후였다. 금광을 찾아 노다지를 꿈꾸던 모험가들이 약탈한 것인지, 아니면 마지막 비극의 황제 투파크 아마루가 조상의 재물을 어디론가 가지고 갔는지 알 수 없었다.

재물은 없어졌으나 빙엄은 무엇보다 귀중한 발견을 하였다. 유적의 규모뿐만 아니라 독특한 조화를 이루고 있는 빼어난 석조건축은 놀라움을 금치 못할 세계적 유산이었다. 그는 운반수단이 없던 시대에 거대한 암석을 산 정상까지 어떻게 운반하였는지 불가사의한 일이라고 생각하였을 것이다. 빙엄은 사각형의 출입구와 창문이 잘 보존된 수많은 2층 가옥을 발견하였다. 그는 500장이 넘는 사진을 촬영하고 일기를 썼는데, 그의 일기와 사진에 근거하여 재구성된 탐험일지를 보면 다음과 같다.

1911년 7월 23일

　　나는 너무 많이 걸어서인지 몸살이 났다. 노새를 끌고 가던 다른 대원들은 휴식을 취하고 싶어 했지만 나는 멈추지 않고 걸었다. 얼마 후, 야영을 할 만한 장소를 발견한 우리 탐험대는 강가에 천막을 쳤다. 우리는 근처 오두막집에 사는 아르테아가를 만났다. 농부였던 그는 잉카의 유적지가 있다고 우리들에게 알려주었다.

1911년 7월 24일 새벽

　　강을 건너 이번에는 죽을지도 모른다는 생각으로 둑을 기어올랐다. 처음에는 길이 있었지만, 점점 나무가 울창해지더니 길이 사라져 버렸다. 깎아지른 절벽을 기어올라 갔다. 그 가파른 사면을 오르는 데에 꼬박 1시간 20분이나 고생을 하지 않으면 안 되었다……

1911년 7월 24일 오후

　　리찰테와 알바레스는 가이드로 한 명의 소년을 데려왔다. 급커브의 언덕을 올라가니 커다란 화강암 암괴로 만들어진 좁은 계단 아래가 나왔다. 잉카시대에도 웬만한 작은 사람이 아니면 빠져나가기 힘들었을 것이다. 가이드는 폭넓은 테라스를 따라 안내해 주었다. 그는 길을 터주면서 원시림을 헤쳐 나갔다. 돌연 눈앞에 건물의 외벽이 보였다. 그것은 잉카인들이 남긴 석축 중에서도 최고로 잘 만들어진 것이었다. 여기저기 수령이 수백년 된 고목과 수풀이 무성하였기 때문에 처음에는 잘 보이지 않았지만, 점점 대나무와 넝쿨 속에서 하얀 화강암으로 절단해 만든 석조물의 모습이 보였다. 실로 멋진 광경이었다.

1911년 9월 발굴개시

마추픽추에서 발굴작업이 개시되었다. 태양의 신전에서는 소토마욜 중위가 인디오 작업자 그룹의 지휘를 맡았다. 제9호 동굴은 시체를 매장하기 위해 파낸 가장 큰 동굴 중 하나였다. 지면에는 해골과……그리고 시체와 함께 매장된 것으로 생각되는 훌륭한 토기파편이 다수 발견되었다. 제11호 동굴에서는 인골 전문가인 이튼 박사가 인골들을 발굴하고, 작업자의 안전을 확보하기 위해 정부로부터 병사들이 차출되었다. 과거의 도시를 이루던 공동주택들은 6칸부터 11칸까지 크기가 다양하였다. 이들 각각 형태가 상이하였는데 각 주택마다 특징적인 석재가공법이 사용되었다. 아마 집안에는 가구를 놓아두지 않았을 것이다. 간혹 발견되는 크고 편평한 돌은 침대로 이용되었을 것이다.

1912년 5월

어느 집에서 옥수수와 건조시킨 감자를 갈기 위해 사용된 듯한 돌항아리가 발견되었다. 절굿공이 대신에 사용되었을 것이다. 그 옆에는 큰 돌이 있었다. 가이드 소년은 오늘의 식사준비를 하려는 듯 돌 항아리 속에 그 돌을 넣고……

1912년 7월

테라스로 둘러싸인 성스러운 바위산들. 최상단의 바위는 엄청나게 크다. 어떤 것은 사람 키만큼 크다. 차량도 수레를 끄는 동물도 없이 잉카인들은 어떻게 거대한 돌을 운반했는지 알 수 없다…… 이 거대한 바위산을 발굴하려면 축복받은 사람이 아니면 불가능하다…… 더욱이 상당히 많은 인력이 동원되었을 것이다. 인티와타나 언덕과 성스러운 광장 서쪽에 있는 테라스가 드디어 숲속에서 모습을 드러냈다. 왼쪽은 보기만 해도 겁나는 절벽. 그 아래로 유유히 흐르는 우루밤바 강…… 성스러운 도시는 진정 난공불락의 요새였다.

그림 4-7. 그리어가 발견한 베른스의 동료 괴링의
(1887) 저서
출처: French Institut of Andean
Studies(2008)

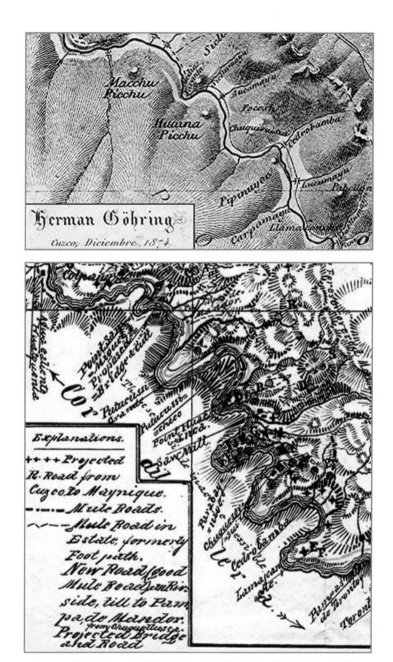

그림 4-8. 괴링의 쿠스코 지도(상)와 베른스가 수작업으로 제도한 마추픽추 지도(하)

마추픽추는 원래 예일대의 고고학 발굴팀이 처음으로 발견하여 세상에 빛을 보게 된 것으로 알려져 있으나, 그보다 40여 년 앞선 시기에 독일의 모험가에 의해 도굴 당했던 것으로 보인다고 주장하는 학자도 있다. 이 주장에 따르면, 빙엄은 마추픽추를 재발견한 셈이 된다. 미국의 탐험가인 동시에 고고학자인 파울로 그리어Paolo Greer 역시 각종 문헌과 지도를 확인한 결과 빙엄의 발견 이전에 1867년 아우구스토 베른스Augusto Berns라는 독일의 모험가에 의해 이미 약탈당한 상태였다고 주장하였다.

1970년대부터 마추픽추를 연구해온 그리어는 그림 4-7에서 보는 것과 같은 1887년 베른스의 글을 괴링H. Görhing이 저술한 한권의 책에서 발견했는데, 이것은 잉카의 성지huaca 개척 사업을 담당한 어느 회사의 홍보용 책자였다. 이 저서에서 베른스는 "나는 4년간 이곳에 머무는 동안 단순하지만 웅장한 건물의 존재와 석재로 밀봉된 지하구조물을 비롯하여 조각상 등을 발견하였으며, 이곳은 대단한 가치를 지닌 잉카의 보물들을 간직하고 있다."고 설명하였다.

그리어는 이 저서의 내용이 마추픽추에 대한 최초의 설명이라고 주장하면서 마추픽추 근처에서 베른스가 활동했던 것으로 짐작되는 곳의 지도 3장을 찾아냈다고 밝힌 바 있다. 이들 지도에는 베른스가 쿠스코로부터 잉카 왕도를 따라 마추픽추로 향하는 경로가 상세히 기록되어 있다.

1911년 마추픽추에 도착한 빙엄조차도 베른스가 자신보다 먼저 이곳을 발견했다는 사실을 인지하고 있었던 것으로 추정된다. 그는 자신의 저서에서 "광산 시굴업자 한 사람을 제외하고는 쿠스코에서 마추픽추의 잔해를 목격하고 그 진가를 알아본 사람은 아무도 없었다."고 주장하였다. 그리어는 빙엄의 저서 내용을 근거로 그가 묘사한 광산 시굴업자가 베른스로 추정된다고 말했다.

빙엄은 빠듯한 일정과 자금문제로 인하여 오랜 세월 속에 파묻혔던 마추

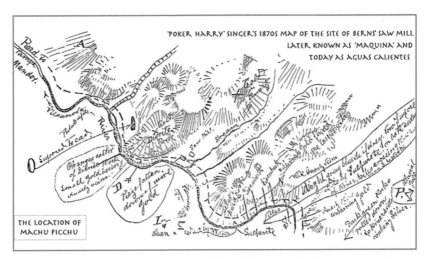

그림 4-9. 그리어가 베른스의 경로를 추적한 1870년대 마추픽추 지도
출처: French Institute of Andean Studies(2008)

그림 4-10. 아마추어 고고학자였던 사보이

픽추 일대의 유적지를 전부 발굴하지는 못하였다. 이 일대의 전모를 파헤친 사람은 아마추어 고고학자였던 사보이G. Savoy였다. 그는 1965년 빙엄이 발굴했던 것보다 더 넓은 지역에 걸쳐 더 많은 유물들을 찾아냈으며 결정적인 증거들도 발굴하였다. 밴더빌트 대학의 고고학 교수 딜레헤이T. D. Dillehay는 2007년 뉴욕타임스 기사에서 향년 80세로 사망한 그를 위대한 모험가이자 탐험가라고 칭송하였다.

마추픽추의 발견은 빙엄에게 엄청난 부와 명성을 안겨주었다. 그러나 페루인들은 마추픽추에서 예상했었던 금과 같은 보물이 발견되지 않았다는 점에 의혹을 품게 되었고, 이윽고 모든 보물을 빙엄이 가져갔다는 소문이 돌기 시작하였다. 그는 체포당할지도 모른다는 두려움에 황급히 페루를 떠났다. 제1차 세계대전에 참전한 그는 일약 애국자가 되는 동시에 곤란한 상황을 피해갈 수 있었다. 전쟁이 끝나고 고국으로 돌아온 빙엄은 1924년 코네티컷 주지사로 선출되었고 1926년에는 손쉽게 상원의원에 당선되었다. 그러나 정치에는 재능이 없던 그는 뇌물수수혐의에 대공황까지 겹치자 의원직을 사퇴하고 점차 몰락의 길을 걷게 되었다. 그의 죽음은 그의 명성과 업적에 비해 쓸쓸했다.

페루 정부는 2008년 12월 5일 미국 예일대학이 소장하고 있는 잉카 유물들을 모두 반환해야 한다며 미국 워싱턴 연방법원에 소송을 제기한 바 있다. 페루 정부는 고소장에서 빙엄이 1911년부터 1915년까지 5년간 마추픽추 유적지에서 가져간 4만 점 이상의 유물을 반환해 달라고 요구하는 한편 예일대학의 의무위반 및 페루 국민들에게 끼친 손해에 대한 배상도 요구하였다. 페루 정부는 빙엄에게 유적지 발굴을 허가해준 것은 사실이나, 유물의 소유권은 페루 정부에 있고 유물반환을 요구할 수 있도록 명시된 문서들을 근거자료로 제시하였다.

페루의 외무장관은 "잉카문화의 유물 수만 점을 소장하고 있는 예일대학이 유물반환원칙을 확인하면서도 반환을 위한 구체적 협상에 성의를 보이지 않고 있어 제소하게 되었다."고 소송배경을 설명하였다. 과거 페루 정부는 예일대학에 잉카유물의 국외반출을 허가한 바 있다. 그러나 그것은 일시적인 것이므로 소유권이 있는 페루에 조건 없이 반환해야 한다는 것이다. 무엇보다 중요한 것은 번스가 인류의 문화유산을 도굴하여 국제암시장에 내다 판 유물일 것이다. 그 분실된 유물들은 소재조차 파악이 안 되고 있는 실정이다.

마추픽추의 도시구조

마추픽추가 험준한 고산지대에 형성된 배경에 관해서는 학설이 분분하다. 예를 들면, 잉카인들이 스페인 군대의 공격을 피해 산속 깊숙한 곳에 건설했다는 설, 잉카가 군사를 훈련하여 후일 스페인에 복수하기 위해 건설한 비밀도시라는 설, 홍수와 같은 자연재해를 피하여 고지대에 건설한 피난용 도시라는 설, 천체 관측과 관련된 숭배의 장소였다는 설 등이 있다. 그러나 현재까지의 발굴성과에 의하면, 스페인이 침략하기 전 15세기에 이미 건설되어 있었으므로 상기한 학설은 신빙성이 없는 것으로 판명되었다.

마추픽추는 스페인 정복자들의 파괴를 면한 덕분에 과거의 모습을 간직할 수 있었다. 그러나 건조한 암석과 퇴적층이 활동성 운동을 일으켜 산사태가 발생한 탓에 일부 건물과 계단이 무너진 곳도 있다. 마추픽추는 수로를 중심으로 남부의 농업지역과 북부의 도시지역으로 나뉘어져 있고, 농업지역은 고지대 농업지역과 저지대 농업지역으로 구분될 수 있다. 도시지역은 중앙광장을 중심으로 동부구역인 후린Hurin과 서부구역인 하난Hanan으로 나누어 각종 시설을 배치한 계획도시이다. 즉 성곽도시이기도 한 이 도

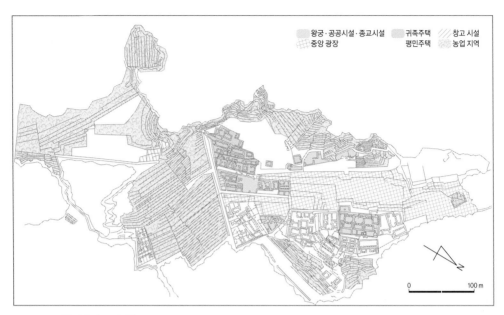

왕궁·공공시설·종교시설   귀족주택   창고 시설
중앙 광장   평민주택   농업 지역

0   100 m

그림 4-11. 마추픽추의 토지이용

그림 4-12. 마추픽추의 전경

그림 4-13. 중앙광장

그림 4-14. 성곽의 정문인 '태양의 문'

시는 중앙광장을 중심으로 서쪽에는 왕궁을 비롯한 신전과 같은 귀족계급을 위한 종교적 건물들이 입지해 있고, 동쪽에는 평민들의 주거지역과 노동자들의 막사와 작업장 등을 배치하였다.

서쪽지대는 동쪽에 비해 약간 높으므로 백성들을 굽어볼 수 있었는데, 성곽의 정문에 해당하는 '태양의 문'은 이곳으로 통하게 설계되었다. 귀족과 평민의 주거지역을 엄격히 분리한 것은 도시계획 시에 당시의 사회구조가 반영되었음을 시사하는 것이다. 그리고 대부분의 주택은 직사각형의 1층 가옥들로 '우아이라나'라 불리는 돌담으로 둘러싸고, 이들을 다시 '칸차'라는 돌담으로 둘러싸 폐쇄적 공간을 형성케 계획되었다그림 4-15ⓐ. 이와 같은 구조는 협소한 공간을 최대한 활용하기 위해 고안된 것으로 추정된다.

왕궁에는 제9대 황제 파차 쿠티크의 침실이 있고, 가까운 곳에 있는 '인티와타나Intihutana'라는 돌기둥은 주거지를 굽어볼 수 있는 위치에 설치되었다그림 4-15ⓑ. 이것은 제례용 석조물 또는 황제의 옥좌로 알려져 있으나, 사실은 해시계였던 것으로 추정된다. '인티와타나'란 케추아어로 '태양을 묶어놓는 곳'을 뜻한다. 당시 신관神官은 동짓날에 태양이 사라지지 않도록 기원하는 행사를 집전하였을 것이다. 그리고 유일한 반원형 석조건물인 그림 4-15ⓒ의 '토리원'은 이곳 창문으로 태양을 관찰하여 동지와 하지의 날짜를 예측하였고, 황제는 파종하기 적당한 시기를 백성들에게 알려주었던 것으로 밝혀졌다. 잉카인들은 많은 잉여 식량을 생산하기 위하여 태양을 관찰하면서 파종과 수확기를 정하였다. 그들은 5월에 수확하고 6월에는 태양의 축제를 열었으며 8월에는 파종을 했다는 자료가 남아 있다.

고대도시가 성립하기 위해서는 잉여 식량이 확보되어야 한다. 그들은 약 13km²의 제한된 좁은 면적에서 '안데네스Andenes'라는 계단식 경작지를 만들어 농산물을 재배하였다그림 4-15ⓔ. 100단이 넘는 각각의 농경지는 길이 약 30m, 높이 약 3m에 달했다. 주변부를 제외한 마추픽추의 면적은 약

ⓐ 우아이라나와 칸챠: 돌담

ⓑ 인티와타나: 해시계

ⓒ 토리원: 태양관측소

ⓓ 세 창문의 신전(Temple de Las Ventanas)

ⓔ 저장창고와 안데네스(계단식 농경지)

ⓕ 모라이(Moray)

ⓖ 살리나스: 해발 3,000 미터의 계곡염전

ⓗ 복원된 2층 가옥

그림 4-15. 마추픽추 일대의 각종 경관

5km²에 불과하며, 그 절반은 경사면의 계단식 경작지가 차지하고 있다. 그들은 저지대의 농작물을 고지대의 환경에 적응시키기 위해 모라이Moray라는 방법을 택하였다. 모라이는 그림 4-15ⓕ와 같이 요곡부에 계단식 밭을 만들어 아래 계단부터 작물을 파종하여 한 계단씩 높은 곳으로 이식하면서 미세한 기후변화에 적응시키는 방법을 말한다. 이와 같은 잉카의 계단식 관개 및 배수시설에 관한 지식은 우아리를 비롯한 다른 선사문화로부터 전수받은 농경법일 것으로 추정된다. 오늘날의 인디오들도 이런 방법으로 고산지대에 적응할 수 있는 품종개량을 시도하고 있다.

잉카인들은 뛰어난 석조기술을 이용하여 급사면에 계단식 경작지를 만들고 주식인 옥수수와 감자뿐만 아니라 토마토 · 고추 등 20여 종의 농작물을 재배하였다. 옥수수의 경우는 원래 테오신테teosinte라는 벼과 야생식물이 돌연변이를 일으켜 옥수수의 조상이 되었는데, 품종개량을 거듭하여 길이와 알갱이가 커졌기 때문에 그들의 주식이 될 수 있었다. 그들의 주식은 옥수수 전분으로 만든 반죽을 불에 구운 포르티아였다. 생활용수는 오늘날에도 샘솟는 암반수를 이용하였다. 그들이 수확한 농산물은 성곽 밖의 남쪽에 위치한 저장창고에 보관되었다. 그리고 단백질은 이 일대에 서식하는 쿠이라는 동물로 보충하였다.

마추픽추 주변의 농경지와 가옥규모로 볼 때 당시 전성기의 인구는 배후지라 할 수 있는 주변부를 합하여 약 1만 명에 달했을 것으로 추정된다. 적어도 마추픽추의 중심부에만 200여 호의 주택에 1~2천 명에 달하는 인구가 거주하고 있었을 것이다. 인구부양력은 생산성 향상에서 비롯된 충분한 잉여 식량에서 나왔다고 볼 수 있다. 그러나 부족한 물자는 앞에서 언급했던 잉카왕도의 도로망을 이용하여 보충되었을 것이다. 가령 소금의 경우는 살리나스Salinas라 불리는 계곡 염전에서 채취된 것을 이용하였다그림 4-15ⓖ. 안데스 산지 곳곳에는 오늘날에도 해발 3,000m의 암염지대를 흐르는 계곡물을 햇볕에 증발시키는 염전이 분포하고 있다. 마추픽추뿐만 아니라 잉카 제국은 굶주리는 백성이 없는 살기 좋은 나라였다.

종교시설 중 대표적인 것은 중앙광장 서쪽 그림 4-15ⓓ의 '세 창문의 신전Templo de Las Ventanas' 및 태양의 신전Templo del Sol과 동쪽의 콘도르 신전 Templo del Cóndor이다. 태양의 신전 지하동굴에는 여러 개의 제단이 있고, 이곳에서 미라들이 발견되었기 때문에 '왕가의 무덤'이라고 부른다. 반원형의 신전은 쿠스코에 있는 태양의 신전과 매우 흡사하다. 그리고 중앙광장 아래쪽에 천연의 요새로 만들어진 콘도르 신전은 천연의 요새로 만들어졌으며, 콘도르와 유사하게 날개를 핀 형상의 바위를 이용하여 그곳에서 제사를 지냈다.

그림 4-16. 의식용 바위: 거석신앙의 일종이다.

이 신전 아래쪽에는 지하로 내려가는 계단이 있는데, 마치 지하감방처럼 설계되었다고 하여 '감옥'이라 불린다. 그리고 중앙광장 북단에 규모가 큰 의식용 바위ceremonial rock가 있는 것으로 보아 잉카인들에게도 거석문화가 있었던 것으로 추정된다. 각 지역은 통로와 수로시설이 완비된 계획도시의 면모를 그대로 간직하고 있다.

마추픽추는 앞서 말했듯 잉카인들이 스페인 군대의 공격을 피해 산속 깊숙한 곳에 건설한 것이라고도 전해지며, 군사를 훈련시켜 후일 스페인에 복수하기 위해 건설한 비밀도시라고도 한다. 또한 자연재해, 특히 홍수를 피해 고산지대에 건설한 피신용 도시라고도 전해지고 있다. 이들 전설 중 가장 설득력이 있는 것은 침략자 스페인 군대의 살육과 약탈을 피해 잉카의

그림 4-17. 마추픽추 유적지에 자생하는 야생 담배나무

그림 4-18. 와이나픽추

그림 4-19. 와이나픽추에서 바라본 발굴 당시(좌측)와 현재의 마추픽추(우측)

후예들이 은신처로 건설했다는 설이다. 그러므로 적에게 쫓기는 입장에서 방어시설은 빼놓을 수 없었을 것이다. 그들은 6m 높이에 두께 1.8m의 성곽을 축조하고 성곽 정문 남쪽의 지대가 높은 곳에 망루와 같은 파수꾼 전망대인 초소guard house를 세웠다. 이 근처에는 야생 담배나무가 서식하고 있다. 잉카인들은 키노아라 불리는 종이나무에서 껍질을 벗겨 담배를 말아 피웠던 것으로 추정된다. 키노아는 껍질을 벗기면 종이와 같은 재질이 있으므로 종이나무라 불린다.

마추픽추의 북쪽에 우뚝 솟아 있는 와이나픽추에도 유적지가 발견되었다. 와이나픽추Wayna Picchu란 '젊은 봉우리'의 뜻으로 '늙은 봉우리'라는 의미를 가지는 마추픽추와 대비를 이루는 봉우리이다. 마추픽추로부터 급경사의 계단을 따라 올라가면 마추픽추를 한눈에 굽어볼 수 있는 와이나픽추가 나오는데 이곳에도 주거지와 계단식 경작지가 분포한다. 이곳은 면적이 비좁고 급경사인 까닭에 여러 사람이 거주할 수 없는 곳임에도 '달의 신전'이 있다.

이런 곳에 또 다른 주거지가 형성된 것은 마추픽추의 공간이 부족한 이유보다는 혹시 있을지도 모를 마추픽추의 침입자를 경계하기 위함으로 추정된다. 왜냐하면 이곳이 우루밤바 강이 흐르는 곡저부 아구아스 칼리엔테스에서 마추픽추로 올라오는 지그재그 형태의 도로가 잘 보이는 곳이기 때문이다그림 4-19. 아구아스 칼리엔테스Aguas Calientes란 뜨거운 물을 의미하므로 온천지대를 가리킨다.

마추픽추의 몰락

마추픽추의 몰락은 잉카제국의 쇠퇴와 직접적 관련이 있다. 그러므로 여기서는 잉카의 수도였던 쿠스코를 중심으로 잉카제국이 멸망하게 된 배경을 고찰해 보기로 하겠다.

스페인의 정복자 피사로가 군대를 이끌고 잉카제국에 침입해 들어왔을 당시에 그 군대의 규모는 172명에 불과하였다. 인구 1,000만 명을 상회하던 잉카제국은 8만 명에 달하는 정예군을 거느리고 있었던 것으로 전해지고 있다. 이와 같은 대제국이 소규모의 군대에게 멸망당했다는 점은 상식적으로 납득할 수 없다. 더욱이 500배나 더 많은 잉카의 정예군과 전투를 벌이면서 단 한 명의 전사자 없이 대승을 거두었다는 사실은 믿기 어렵다. 여기서는 휴잇의 선행연구의 결과를 종합하여 잉카제국의 멸망 원인을 크게 세 가지로 요약해 보았다.

첫 번째로 잉카제국의 내분에서 찾을 수 있다. 전술한 바와 같이 당시의 잉카제국은 선왕 와이나 카파크가 죽고 그의 두 아들이 서로 반목하다가 아타왈파가 황제의 자리에 즉위하였으나 결집력이 약하여 스페인 군대에 쉽게 항복했을 것이라는 가설이 있다.

두 번째 원인은 잉카제국의 백성들이 피사로의 군대를 그들이 존경하는 태양의 군대라 믿고 자발적으로 성문을 열어 주었다는 가설이다. 당시 잉카에는 언젠가 태양의 군대가 잉카에 도래할 것이라는 내용이 구전되어 내려왔다. 스페인 군대가 화력이 뛰어난 신무기로 화약을 터뜨리자 이에 놀란 잉카제국의 군대는 무기를 버리고 도주하였다는 것이다. 백인의 스페인인들은 잉카인들이 처음 보는 말을 타고 화승총을 들고 나타났으므로, 잉카인들은 그들을 전설 속의 인물로 착각하였다. 그러한 사실을 재빨리 간파한 피사로는 전설 속의 인물이었던 '비라코차'로 행세하였다는 것이다.

세 번째 원인은 피사로의 군대가 아메리카 대륙으로 원정 올 때 그들이 옮겨온 전염병인 천연두의 출현에서 찾을 수 있다. 이 가설은 언뜻 설득력이 있어 보인다. 천연두가 출현하여 갑자기 수많은 잉카인들이 사망하게 되

그림 4-20. 인신공희의 모습을 묘사한 그림

자 스페인 군대에 불가사의한 힘이 있다고 믿은 잉카가 항복했다는 것이다.

위의 세 가설 중 첫 번째 가설을 봤을 때, 과거에도 내분이 발생한 것은 비일비재하였을 것이므로 결집력의 약화라는 단순한 이유로 스페인군에게 쉽게 항복했을 리 없을 것이다. 두 번째 가설 역시 일시적으로 스페인 군대를 전설 속의 인물로 착각하였다고 하더라도 그들의 만행을 겪으면서 대항하게 되었는데, 8만 명에 달하는 잉카군대가 겨우 172명에 불과한 스페인 군대에게 패배한다는 것은 납득하기 어렵다. 그리고 세 번째 가설에서 천연두를 비롯한 유럽의 각종 전염병이 잉카인들에게만 전염되어 사망하거나 쓰러지게 했다는 것 역시 설득력이 없어 보인다.

잉카제국의 멸망에 대하여 여러 학설이 제기된 바 있으나, 어느 것이 사실에 가까운 학설인지 정확하게 규명 된 바 없다. 그 중에서 가장 신빙성이

그림 4-21. 피사로 군대에 괴멸당하는 아타왈파 군대

높은 멸망 원인은 외부 침략자가 아닌 잉카 내부에서 찾을 수 있다. 태양신을 숭배한 잉카제국은 아침마다 특이한 의식을 올렸다. 태양이 떠오르면 그들은 테오티우아칸이나 아즈텍 문명에서 볼 수 있는 것과 같이 태양신을 위해 산 사람의 심장을 제물로 바치는 인신공희의 풍습이 있었다.

태양은 잉카인들이 농사를 가능하게 하고 추위로부터 보호해 주는 고마운 존재였으므로 신격화되었을 것이다. '인티라이미Inti Raymi' 라는 태양신 축제가 시작되면 하루에도 수십 명씩 심장을 공희해야만 하였다. 그들은 16~18세의 젊은이였다. 처음에는 전쟁포로를 위주로 제물을 바쳤으나, 평화시에는 귀족층을 제외한 일반 백성 중에서 강제로 선택되었다. 이러한 관행이 계속됨에 따라 백성들은 매일 극도의 불안에 시달릴 수밖에 없었을 것이다. 황금의 나라 혹은 태양의 나라에서 산다는 이유로 잉카의 젊은이들은 언제 죽을지 모르는 운명이 싫어 저항한 것이다.

그러므로 황금의 대제국을 멸망시킨 요인은 피사로의 군대가 아니라 그들이 태양신에게 제물로 바친 원혼들과 죽음을 두려워 한 잉카의 백성이었다고 할 수 있다. 그들은 잉카제국의 백성으로 사느니 차라리 스페인 군대에게 성문을 열어주자고 무언의 합의를 했다는 것이다. 스페인 군대는 멸망의 계기였을 뿐이며, 잉카제국은 인간의 존엄성을 무시한 반인륜적 제국으로서 멸망하였던 것이다. 그러나 이러한 해석은 스페인의 시각에서 본 멸망원인이라고 볼 수 있을지도 모르겠다.

아타왈파 황제가 사망하자 쿠스코의 잉카인들은 도주하기 시작하였다. 전성기에 인구 20만 명에 달하였던 제국의 수도 쿠스코는 순식간에 몰락하

그림 4-22. 미라로 발견된 여성시신

였다. 잉카의 마지막 황제 투파크 아마루Tupaq Amaru가 쿠스코로 끌려가 처형된 후, 스페인 군대는 잉카의 막대한 금을 약탈하기 시작하였다. 잉카의 귀족들은 스페인 군대의 약탈 소식을 듣고 극비리에 금을 숨겼다. 그 당시 스페인 군대가 잉카에서 약탈하여 본국으로 보낸 금괴는 스페인 경제를 흔들 정도로 막대하였다.

마추픽추가 발견될 당시에는 이곳이 스페인 통치에 저항한 본거지 빌카밤바라는 주장도 제기되었으나, 지금까지 발굴된 잉카 유적지 가운데 완벽하게 보존된 것은 마추픽추뿐이다. 태양의 문으로부터 조금 떨어진 곳에서 33구의 나이 어린 여성의 미라가 대량 발견된 바 있다. 15세 안팎의 소녀 중 일부는 임신한 상태로 살해된 것으로 밝혀졌다. 대부분의 시신은 양호한 상태이나, 그 일부는 목과 쇄골 사이에 베인 흔적이 남아 있었다.

마추픽추의 도시지역 인구를 약 천 명으로 추정한 것도 이것이 계기가 되

그림 4-23. 매듭 문자

었다. 그러나 남성의 미라가 거의 발견되지 않은 것은 불가사의한 일이다. 이에 대해서는 남자들은 대부분 전쟁터에 나가고, 여자들만 살다가 전염병에 걸려 모두 사망하였다는 설과 마추픽추가 원래 선택된 여성만을 위한 '태양의 처녀Aqllawasi'의 집단주거지였다는 설, 추적해오는 스페인 군대로부터 도주하기 위해 기동력이 없는 사람만을 남겨두고 마추픽추를 떠나 버렸다는 설이 있으나 어느 것도 확인된 바 없다. 그러나 와이즈Wise는 마추픽추의 급속한 몰락이 스페인군의 침략과 관계가 있을지의 여부를 명확히 할 수 없으므로 그 멸망 시기를 스페인군 침략의 전후로 추정하는 신중함을 보였다.[5]

각종 도시 시설을 구비하고 사회적 계층분화와 노동의 분화가 진전되어 있었더라도 문자의 사용 없이는 진정한 도시사회가 조직될 수 없다는 쇼버그의 이론에 따른다면, 마추픽추는 고대도시의 자격을 갖추지 못하게 된다. 잉카문자로 알려진 매듭결승 문자가 발견되기는 하였어도 이것이 문자체계를 갖춘 것인지 불분명하다. 아직까지 잉카문명은 물론 마추픽추에서 체계를 갖춘 문자가 사용되었다는 증거는 찾지 못하였으므로 고대도시라 부르는 데에는 한계가 있을 것으로 사료되기에 신중을 기해야 할 것 같다.

마지막으로 한 가지 부언하면, 페루 리마에 있는 프랑스 안데스연구센터에서 발간하는 고고학 저널 〈앤티쿼티Antiquity〉에 게재된 최근 논문에서 잉카문명이 농사와 식량비축 기술의 발전 덕분에 비약적인 발전을 할 수 있었다는 논문이 발표되었다. 이 논문에 따르면 잉카문명은 곡물을 대량 생산할 수 있는 기술을 터득하게 되면서 잉여 식량을 확보하여 인구를 불렸다는 것이다. 잉카에서는 생산의 개념이 확 달라지면서 문명은 발전을 거듭하였는데 여기에서 결정적인 역할을 한 게 바로 라마의 똥이라는 것이다. 잉카문명은 라마의 똥을 비료로 사용해 옥수수 등을 수확, 인구증가에 맞춰 식량생산을 늘릴 수 있었다.

:: 주 해설

1] Vavilov, N. I., 1951, *The Origin, Variation, Immunity and Breeding of Cultivated Plants*, Chester, K. S.(trns.), The Chronica Botanica Co., Waltham, Mass.

2] Bernand, C., 1988, *Les Incas*, peuple du Soleil, Gallimard, Paris.

3] Hewett, E. L., 1968, *Ancient Andean Life*, Biblo-Moser, New York.

4] Bingham, H., 1913, "In the Wonderland of Peru," *National Geographic Magazine*, April, 387?573.
Bingham, H., 1981, *Lost City of the Incas: The Story of Machu Picchu and Its Builders*, Greenwood Press, Westport, CONN.

5] Wise, K., 2001, *Machu Picchu: the hidden city*, in Bahn, P. (ed.), The Archeology Detectives, Readers Digest, Singapore, 216-219.

로마와 다른 세계도시

장안성

고대의 글로벌 도시 시안

세계사를 글로벌하게 조망해 보면 인류는 북위 40도를 전후하여 농업과 유목의 접경지역에 인접한 농경지대에 지중해의 로마 문화, 이란고원의 페르시아 문화, 중국 화북지방의 한漢문화를 형성하였다. 4~5세기 이후 유목민의 대이동을 계기로 고전문화의 중심지대가 격변한 결과, 세계사는 세오 妹尾가 말하는 제1기고전문화 형성기로부터 제2기유라시아사 형성기로 전환을 한 것이다.[1] 제1기는 B.C. 3500~A.D. 3, 4세기에 이르는 고전문화 형성기이며,

20세기 초의 장안성 내성

제2기는 4, 5세기에서 15, 16세기에 걸친 유라시아 형성기를 가리킨다.

시안西安은 황하 최대 지류인 위수의 남쪽 언덕에 위치한 산시성陝西省의 성도省都이며 중국 6대 고대도시 중 하나이다. 강력한 봉건국가를 건국한 진대에 위수 북쪽에 함양성이 위치하였고, 한대와 수·당대에는 그 남쪽에 장안성이 건설되었다. 이와 함께 실크로드의 번영을 배경으로 시안은 당시 서양의 로마와 함께 국제적 도시로 그 명성을 떨친 바 있다. 중국의 고대왕조는 우리나라 고대국가인 고구려·백제·신라와 발해는 물론 일본의 고대 도시에도 다방면에 걸쳐 많은 영향을 주었으며, 특히 당대의 장안성은 신라의 도시구조에 큰 영향을 미친 바 있다. 그곳에서 일어나는 모든 것은 '장안의 화제'였다.

중국의 도시들은 예로부터 우리나라를 비롯한 서아시아나 유럽과 마찬가지로 도시전체를 성벽으로 둘러치는 것이 일반적이었으므로 성곽도시라 칭할 만한 구조를 가졌다. 오늘날 중국에서 도시를 성시城市로 표현하는 것은 도시와 성곽이 불가분의 존재였던 오랜 역사가 있기 때문이다. 성곽도시 중 규모가 큰 것은 두말할 필요도 없이 도성이다. 본 장에서는 수·당대 정치도시이며 유통경제의 중심지였던 장안성을 연구대상으로 삼았다.

시안에는 도성건설에 관한 사실을 규명할 수 있는 문헌자료가 풍부하며, 1954~1957년에 5회에 걸쳐 신중국 성립 후 최대 규모의 고고학 발굴이 사회과학원·고고연구소 등에 의해 행해진 바 있다. 당대의 장안성은 8세기 100만 명 내외의 인구가 거주하였던 세계 최대의 글로벌 도시였다. 본 장의 목적은 당대 장안성의 입지적 의미와 격자형 도시계획이 적용된 과정을 선행연구를 통하여 파악하고, 도시 성장에 따라 진행된 지역분화를 고찰하여 고대도시의 공간구조를 규명하는 데 있다. 이는 역사학계에서 축적된 연구결과를 지리적으로 재해석한다는 의미를 갖는 것이다. 저자는 2010년 7월과 동년 9월에 두 차례에 걸쳐 현지답사를 행하였다. 장안성 연구를 통하여 중국과 교류가 활발하였던 우리나라 고대도시의 연구에도 기여할 수 있을 것으로 기대한다.

장안성의 입지적 의미

유라시아 대륙 동부에서는 후한後漢이 붕괴되면서 불안한 정세가 지속되었다. 4세기 초에 많은 유목민들이 한꺼번에 중국 화북지방으로 남하하기 시작하였다. 유목민의 쟁탈지였던 관중평야에는 선비계와 흉노계 등 비한족非漢族의 혈통을 지닌 수 왕조가 중국 대륙의 재통일을 눈앞에 두고 있었다. 당시 남조의 선비들은 북조의 지리적 사상features을 한대 선비들의 작품 세계에 통상적으로 표현된 것처럼 산악과 하천으로 인식하고 있을 만큼 시공간적 사상이 상이하였다.

중국 대륙은 589년 수隋를 건국한 문제文帝에 의해 통일되었다. 문제는 통일의 기초를 튼튼히 하려고 시도하였으나 2대 30여 년에 불과한 단명 국가로 멸망하고 말았다. 그러나 그 통일의 기반은 당에 계승되어 완성되기에 이르렀다. 수 문제는 582년 한漢의 장안성 동남쪽 약 10km의 위치에 새로운 도성 대흥성의 건설에 착수하였다. 그 후에 당은 '아주 오래 천하를 편안하게 한다'는 의미로 장안長安이라고 개명하였다.

콘스탄티노플이 유럽과 아시아의 접점에서 발달하고 바그다드가 아랍 문화권과 페르시아 문화권의 접점에 세워진 것처럼, 수의 대흥성과 당의 장안성은 유목·목축지대와 농경지대의 접점에 건설되었다. 이러한 현상은 이미 비달 드 라 블라쉬Vidal de la Blache가 지적한 바 있으며[2] 지절률로도 설명이 가능하다[3]. 즉 도시문명은 이질적 문명 간에 발달하거나 지절이 다양하고 복잡한 지리적 환경하에서 발달한다는 것이다. 문명이 지닌 속성인 자생성은 문명의 개별성과 보편성에 의해 교류가 보장되며, 모방성은 문명의 전파성과 수용성에 의해 교류가 불가피해지기 때문이다.

이와 같은 이유로 장안성이 위치한 관중關中지방은 북위 34~40도선을 따라 펼쳐진 유목·목축지대와 농경지대의 접점에 해당하는 지역으로 교역과 정보교환이 이루어지는 중심지인 동시에 정치와 문화의 핵심부라 할 수 있다. 거대한 분지형 지형 속에 배산임수의 지형조건과 광활하고 비옥한 토지, 동서로 횡단하는 교통로와 풍부한 수자원 역시 도시형성에 중요한 요소가 되었다. 특히 관중평야는 중앙아시아의 오아시스 도시와 연결되어 있다.

이러한 위치적 특성에 기인하여 관중지방은 농목복합에 기반을 둔 중국 고전문화의 발상지가 되었다. 주대周代의 풍경豊京과 호경鎬京부터 진대의 함양성을 거쳐 한대의 장안성에 이르기까지 왕도가 지속적으로 입지한 것이다표 5-1. 당대의 장안성에는 공리주의가 성행하고 불교와 도교의 색채가 농후하였으나 부녀자의 생활이 비교적 개방적이었고 사치스러운 생활을 하

표 5-1. **관중평야에 입지한 역대왕조의 도읍지 일람표**[4]

왕조	기간	명칭	건설 기간(년)
서주	B.C. 1121–B.C. 771	풍경·호경	350
진	B.C. 221–B.C. 207	함양성	15
전한	B.C. 206–A.D. 8	장안성	214
신망	A.D. 9–A.D. 23	장안성	15
후한	A.D. 190–A.D. 195	장안성	5
서진	A.D. 313–A.D. 316	장안성	4
전조	A.D. 319–A.D. 329	장안성	11
전진	A.D. 351–A.D. 384	장안성	34
후진	A.D. 386–A.D. 417	장안성	32
서위	A.D. 535–A.D. 556	장안성	22
북주	A.D. 557–A.D. 556	장안성	25
수	A.D. 581–A.D. 618	대흥성	37
당	A.D. 618–A.D. 907	장안성	289

였다.

한의 장안성은 위수渭水에 가까워 저습지였던 까닭에 도시입지에 적합하지 않았고 규모도 비교적 작았다. 그리하여 먼저 궁성을 필두로 황성이 정비되고 613년 대흥성이 건설되었다. 대흥성의 입지는 군사적 목적이나 방어상의 편리성은 물론 자연환경, 성곽의 규모 등을 고려하여 구릉지로 정해졌다. 즉 토질 · 식생 · 지하수 · 배수 등의 상황과 성곽이 들어서기에 충분한 동서 9.7km에 남북 8.6km의 광활한 부지가 고려되었다. 이 구릉지는 친링산맥 북쪽의 산록완사면에 위치하여 계곡에서 흘러내리는 지표수와 지하수가 풍부하였다. 관중지방은 크고 작은 하천이 많아 경수 · 위수 · 낙수를 '관중 3수'라 하고 그 밖의 하천을 합쳐 '관중 8수'라 불렀을 정도로 수자원

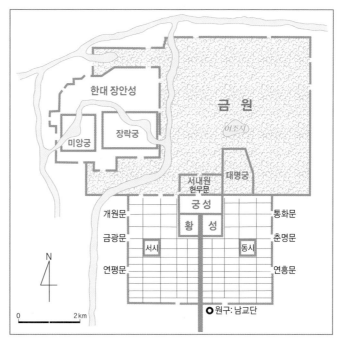

그림 5-1. 한대 장안성과 수 · 당대 장안성

이 풍부하였다.[5]

　이들 한과 수·당의 장안성은 서로 인접해 있으며 진秦의 함양성 역시 관중지방에 위치해 있다. 수 문제는 583년 아직 완공되지 않았음에도 불구하고 새롭게 건설된 도성으로 도읍지를 옮겼다. 그러나 615~617년간에 발생한 동란으로 도성 정비를 비롯한 건설공사는 중단되었다. 그 후 수의 멸망과 당의 건국으로 618년에 공사가 재개됨에 따라 대흥성은 장안성으로 개칭되었다.

성곽구조와 형태의 변화

　중국의 역사에서 춘추시대부터 전국시대에 걸친 기간은 큰 변혁의 시대였다. 이 격동기에 성곽 역시 크게 변모하였다. 구릉에 입지하였던 원시취락은 신석기 말기에 이르러 호濠나 책柵과 같은 간단한 방어시설이나 토벽으로 둘러치는 토성이 등장하였다. 이윽고 도시국가로 발전하고 계급사회로 이행하던 무렵에는 높은 구릉지에 수장首長의 처소와 신전을 둘러싸는 성벽이 강화됨과 동시에 성하의 주민 주거지역에도 간략한 토벽을 설치한 방어시설이 등장하게 되었다. 은대殷代의 중소읍은 이러한 '산성식山城式' 도시가 일반적이었다.

그림 5-2. 성곽구조의 변화[6]

그림 5-3. 1900년대 초의 장안성 성곽과 해자

그림 5-4. 장안성의 성벽: 명 · 청대에 보수된 성벽이다.

서주~춘추시대로 바뀌면서 주민의 주거지역을 둘러싼 외벽이 종전보다 강화된 '내성외곽식内城外郭式'이 출현하였다. 이 경우, 외벽을 '곽郭'이라 칭하고 내벽을 '성城'이라 부른다. 즉 내성과 외곽이라는 이중구조가 명확해지는 시기였다. 이 내성외곽식은 '성주종곽식城主從郭式'으로부터 점차 외곽이 강화되어 내성을 능가하는 구조의 '성종곽주식城從郭主式'으로 변화해 나아갔다. 이후 성의 의미가 희석되면서 성과 곽이 동일한 의미를 갖는 '성곽일치식'으로 변화하였다. 이와 같이 성이란 내성을, 곽이란 외곽을 지칭하며, 내외의 상이한 호칭이었음에 유의할 필요가 있다. 결과적으로 성곽구조는 그림 5-2에서 보는 바와 같이 산성식 → 성주종곽식 → 내성외곽식 → 성종곽주식 → 성곽일치식으로 변모해 나아간 것이다.

곽내의 주민은 대부분이 농민으로 곽외에 농경지를 소유하고 있었다. 그러므로 곽외의 가까운 토지는 곽내에 거주하는 농민들이 도보로 왕복할 수 있는 단위면적당 생산성이 높은 곳이었고, 이러한 공간적 범위는 교郊에 해당하는 지역이었다. 장안성의 교지역은 지형적 제약 때문에 북교보다는 남교와 서교의 공간적 범위가 광대하였다.

이들 지역에는 사대부들의 소유였던 장원이 분포하였는데, 당시 장원은 사대부들의 경제적 거점이었다. 그들은 정치적 활동의 거점으로 성내에 저택을 두었고 교내郊內에는 그것을 가능케 하는 경제적 기반으로 향촌을 두었다. 장원은 장안성으로부터 대체로 33리의 거리 내에 분포하였다. 당령唐슈에 의하면, 성곽으로부터의 일일생활권은 말 70리, 도보 50리, 마차 30리에 달하였으므로, 장원의 분포는 이와 동일하였음을 알 수 있다. 이것이 도성의 배후지에 해당하는 교suburb의 공간적 범위였다. 이러한 관점에서 저자는 오늘날 우리나라 일각에서 교내를 '교외'라 칭하는 것이 커다란 오류임을 지적하고 싶다.

전국시대에 접어들면서 내성은 사실상 거의 소멸되는 상태에 이르렀고

외곽이 강화되는 양상을 보였다. 전시에 방어수단이었던 내성 대신에 외곽을 강화하여 외적에 대항하게 됨에 따라 안팎의 성과 곽의 구별이 소멸되기에 이른 것이다. 오늘날 성곽 또는 성곽도시라는 용어는 하나의 숙어로서 통용되고 있으나, 사실은 내성과 외곽이 일체화한 역사적 배경이 존재하고 있다.

이와 같이 성과 곽이 일체화한 구조변화에는 시대적 배경이 있었다. 춘추전국시대는 종래의 읍邑이라 불리는 도시국가를 탈피하여 영토국가가 형성되는 중국역사상 커다란 변동기였다. 대읍을 중심으로 동맹관계로 이루어진 도시국가 연합체라는 이른바 점과 선의 국가관계로부터 대읍이 중·소읍을 병합하여 영역을 면으로 확대해 가는 영토국가가 형성된 것이다. 이와 같은 일련의 과정은 하겟Haggett이 제시한 공간조직의 단계별 형성과정으로 설명될 수 있을 것이다.[7] 진秦이 전국을 통일한 것은 은殷·주周와는 국가성격이 크게 다르며, 공간적으로 연속한 면으로써의 통일영토국가의 출현으로 해석되어야 한다. 성곽구조가 변화한 배경에는 상술한 것과 같은 국가형태의 변화가 있었던 것으로 사료된다.

격자형 도시계획의 세계관

수·당대 장안성의 도시계획에는 당시의 다양한 전통적 사상이 함축적으로 반영되어 있다. 지상에 있는 우주의 거울로 왕도를 건설한다는 천문사상의 우주론, 왕조의례의 무대로 왕도를 건설한다는 예 사상, 고대 중국 고래로 『주례』가 제시한 이상도시의 모델, 그리고 음양오행사상과 역경 사상 등이 바로 그것들이다. 장안성은 이들 전통적 사상을 격자형 도시공간에 유연하게 반영함으로써 오랜 분열시대를 마감한 정통왕조의 수도로서 자격을 얻고자 하였다.

 장안성은 당시 세계를 인식하는 우주론에 근거하여 천명을 받은 우주의 왕도로 건설되었다. 우주론이란 넓은 의미로 세계를 인식하는 방법이었다. 이것으로 왕도를 신성시함으로써 지배의 정통성을 확립하고자 한 것이다. 장안에는 둥근 하늘의 중심과 네모난 땅의 중심이 교차하는 곳에 장안이 입지하고 있다는 관념이 담겨 있다. 당 장안성의 궁전을 태극전이라 부른 것은 『역경』에 의하면 천제의 대행자로 천하에 군림하는 천자의 거처이며 우주의 중심에 직결된 장소이기 때문이다. 또한 우주의 최고신인 천제는 도교의 최고신이기도 하여 663년에 완공된 대명궁을 봉래궁이라 칭했듯이 천상의 신선계를 모방해 만든 것이다.

 왕조의 의례체계 가운데 원형제단인 원구圜丘는 해마다 동짓날 하늘에 제사를 올리는 장소이다. 황제가 거처하는 자미궁을 중심으로 배열된 원형의 원구는 하늘의 별을 모방한 것으로 하늘 전체를 상징하는 건축물을 시각적으로 표현하고 있다. 황제의 권력이 강화되어 황제가 남쪽을 향해 신하와 대면하게 됨에 따라 궁전이 북쪽에 배치되고 그 남쪽 성문인 명덕문 밖 남교南郊에 남교단이 설치된 것이다.

 태극궁에서 남쪽으로 승천문-주작문-명덕문으로 이어지는 남북축은 왕조의례의 축선인 동시에 도시계획의 축선이기도 하였다. 도시문명에서 이동을 전제로 하는 통로는 인간과 자연의 직접적인 합작이며 특히 축은 인간의 욕구와 이상의 실현을 추구한다. 중축선의 규명은 중국의 영향을 받은 동아시아 국가의 도시구조를 비교하는 데에도 중요한 실마리를 제공해 준다. 장안성의 경우, 이러한 대칭적 균형은 정태적 도시구조에 역동성을 불어 넣어 태극궁을 중심으로 한 도시계획의 상징적 의미를 시각적으로 보여주었다.

 왕도가 천자의 거처다운 상징성을 표출하기 위한 방법이 『주례』에 기록되어 있다. B.C. 5세기에 만들어진 주례의 고공기는 중국에 현존하는 가장 오래된 수공업 관계 문헌인데, 여기에는 도시 건설 제도를 비롯하여 수공업 생산기술에 관한 자료를 많이 보존하고 있으며 생산관리 제도 등에 대해서도 기록되어 있다. 중국 고래로부터 청대에 이르기까지 도성의 이상적 도시 계획은 유교 성전의 하나인 6편 중 『동관고공기冬官考工記』에 "匠人營國, 方九里´傍三門 國中九經九緯 經余九軌 左祖右社´ 面朝後市 中央宮闕 左右民塵"이라 기록되어 있다. 요약하면, 도성의 한 측면에 3개문씩 모두 12개 성문을 설치하고 각 성문의 도로는 3조씩 개설하며, 왕궁은 도성의 중심에 두고 궁성 전면에 황성을 배치한다. 왕궁을 중심으로 시장은 북쪽에, 종묘는 좌측에, 사직은 우측에 설치하고 좌우측에 민가의 건축을 허용한다는 내용이다.

장안성의 경우, 궁성 남쪽에 황성이 배치된 것은 '면조'의 원칙에 부합되었고, 시장의 입지는 '좌우민전'의 원칙이 적용되었지만 '후시'의 원칙에는 벗어나 있다. 황성 내의 관청배치를 보면 종묘가 동남쪽, 사직이 서남쪽

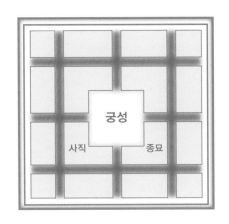

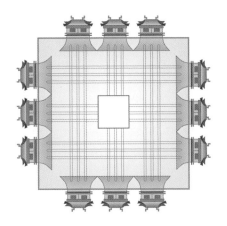

그림 5-5. 주례 동관고공기의 왕도 모델

에 위치하여 '좌묘우사'의 원칙에 충실하였음을 알 수 있다. 정치의 중추기 관인 3성中書·門下·尙書과 6부가 차지하는 면적이 좁은 것은 이들 관청들의 업무가 대체로 문서행정을 주관하기 때문에 넓은 면적을 필요로 하지 않기 때문이다.

수·당의 장안성은 위에서 말한 이상적 모델을 변형하여 재설계된 것처럼 보인다. 즉 궁성이 성곽의 정중앙이 아니라 북쪽에 치우쳐 위치함에 따라 시장이 궁성 앞쪽으로 배치되었다는 차이가 있다. 선행연구에서도 동관고공기의 중앙궁궐의 원칙이 적용되지 않은 것으로 해석되고 있다. 그러나 앞의 그림 5-1에서 보는 바와 같이 궁성 뒤쪽의 금원을 고려하면 궁성의 위치는 전체 도시의 중앙이 된다. 금원은 사실상 궁성을 방어하는 기능을 했을 것으로 추정된다. 이러한 주례식 모델은 북위의 평성 이래 유목정권이 건설한 왕도의 기본 형태로 알려져 있다.

후한대後漢代에 이르러 체계가 완성된 음양오행사상은 세상 만물이 음과 양의 두 기氣와 이들의 교감으로 생긴 목·화·토·금·수의 5개 원소로 만들어진다고 보았고, 이들 원소의 운동을 오행이라 한다. 이들 음양과 오행은 도시계획의 세부적 사항에 영향을 미쳤다. 예컨대 양을 뜻하는 홀수 중 최대수인 9는 고공기의 도성계획에 있어서 도성이 사방 9리에 달하는 성벽으로 둘러싸여 있고 9개의 도로가 동서남북으로 개설되었으며, 그 도로의 폭도 마차 9대의 폭과 같게 설계하는 기준이 되었다.

장안성 도시계획의 특징

한漢의 장안성 평면계획은 정사각형 또는 직사각형을 원칙으로 하는 종전의 성곽계획과는 크게 다른 불규칙한 형상을 띤 것이었다. 이는 지형적 제약에 기인한 것으로 사료된다. 고대 중국의 왕도는 406년에 완성된 북위의 평성과 502년 완성된 낙양성을 비롯하여 535년에 완성된 동위·북제의 업성, 583년에 완성된 수의 대흥성 및 605년의 낙양성으로 계보가 이어진다. 이들 왕도의 건설과 도시문화에는 다음과 같은 공통점을 발견할 수 있다. 즉 ① 도시가 격자형 계획도시이며, ② 중국 고래의 고전적 이상도시를 모델로 삼았고, ③ 방어와 치안을 위하여 격자형으로 분할된 성안의 주거지를 토벽으로 둘러싼 방장제坊牆制를 채용하였다는 점, ④ 여러 종교 중 불교가 중심이 되는 불교도시였다는 점 등이다. 방제坊制라는 명칭은 일찍이 주대에는 여閭라 하여 약 25호의 규모를 통틀어 부르는 용어였고, 한 대에는 여리閭里, 수대에는 리里로 부르다가 당대에 이르러 방坊이라 명명되었다. 물론 공식적으로 사용되지는 않았지만 방이란 명칭은 북위 때에 이미 나타

그림 5-6. 당대 장안성의 복원도

난 바 있다.

　장안성의 부지가 결정된 후에는 왕도의 남북축을 어디로 할 것인가를 정해야 했다. 오타기愛宕의 연구에 의하면,[8] 대흥성의 기준점은 친링 산맥의 종남산 계곡 입구인 석별곡현재의 석폄곡으로 정해졌다. 석별곡과 궁성을 잇는 기준선이 남북축이며, 이를 바탕으로 궁전 위치가 정해졌다. 즉 궁전을 왕도 부지의 정중앙에 두었고, 궁성의 중핵을 차지하는 대흥궁당 태극궁의 남문인 소양문당 승천문으로부터 정남쪽으로 명덕문까지 성안을 관통하는 남북축선을 개설하였다. 궁성 건설과 동시에 북쪽에 방어를 위한 금원이 조성되었고, 뒤이어 관청가인 황성이 건설되었다. 장안성 전체 면적 중 궁성은 5%, 황성은 6% 남짓한 비중을 차지한다. 내성을 조밀하게 조성한 이유는 행정기능의 효율화뿐만 아니라 도성계획의 기본원리에 입각하여 관청을 백성들로부터 격리하여 지배한다는 관민분리의 원칙에서 찾아볼 수 있다.

　당시 주작대가의 정문인 명덕문은 별로 사용되지 않았고 주로 춘명문과 개원문이 사용되었다. 궁성과 황성의 건설과 더불어 각 성문 간을 연결하는 간선도로가 건설되었는데, 성내를 종단하는 남북대가 3개와 횡단하는 동서대가 3개, 6가六街라 불리는 모두 6개의 간선도로가 그것이다. 이들 도로의 폭은 108~155m에 달하지만, 연흥문과 연평문을 연결하는 동서대가는 55m에 불과하다. 이 도로의 폭이 좁은 것은 궁성에서 떨어져 있고 남쪽에 위치하여 교통량이 적었기 때문으로 추정된다. '대가'라 불리는 간선도로 사이에는 '소가'라 불리는 지선도로가 개설되었는데, 이들의 폭은 20~75m로 대가의 절반에도 미치지 못한다.

　이와 같이 성내 도로가 결정되면 방과 시장의 위치 및 규모가 정해진다. 주거지역의 방의 개수는 남북축, 즉 주작대가의 동쪽과 서쪽이 각각 54개로, 총 108개이다. 그러나 주작대가 동쪽은 흥경궁이 추가로 설치되고 방이 세분되어 있는 것으로 미뤄볼 때 당초의 계획대로 건설되지 않았음을 알 수

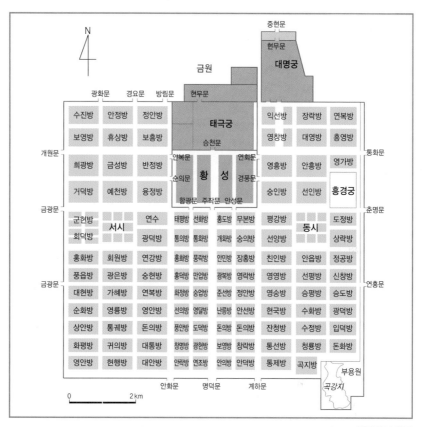

그림 5-7. 장안성의 방명

있다. 108개의 방수는 중국 전토를 의미하는 것인 동시에 질서 있는 시간의 반복인 1년 12개월을 합친 수에 해당한다. 그러므로 108개의 숫자는 통일제국에 어울리는 상징적 숫자인 것이다. 그리고 양쪽에 방 한 개씩 시장을 설치하여 동시와 서시라 불렀다. 방과 시장의 블록은 방장이라 불리는 토벽으로 둘러쌓아 구획하였다. 각 방마다 토벽 외측에 배수구를 만들어 방은 하나의 독립된 작은 성곽형태를 띠었다. 방으로 구획된 주거지역 중 연흥문과 연평문을 잇는 동서횡단 도로 북쪽의 궁성과 인접한 곳은 인구가 조밀하였으나, 그 도로 남쪽은 인가가 드물었다.

위에서 말한 바와 같이 장안성 도시계획의 특징은 금원을 제외한 도시 전체가 격자형태를 취하였다는 것이다. 외곽성의 규모는 동서 약 9.7km, 남북 약 8.6km에 달하였고, 형태는 장방형이었다. 도시계획은 동서고금을 막론하고 격자형 · 원형 · 지형대응형 가운데 격자형 도시계획이 가장 편리하며 일반적인 것으로 알려져 있다. 그리고 각 방의 명칭은 그림 5-7에서 보는 것처럼 보령普寧 · 광희熙光 · 의령義寧 · 숭인崇仁 등과 같은 고상한 지명으로 명명된 경우, 즉 가상嘉祥의 의미를 담은 지명이 가장 많았다.

이러한 현상은 표 5-2에서 보는 것처럼 시대별로도 마찬가지였다. 장안성의 방명은 당 제국 각지의 지명을 사용하거나, 반대로 방명을 각지의 주 · 군 · 현명으로 사용하였다. 이를 통해 장안성의 방장제가 마치 가축을 우리에 가두어 통제하였던 제도와 비슷하다고 파악할 수 있다. 즉 각지의 주 · 군 · 현명을 장안성이라는 '천하'에 가둬놓는 의미로 파악할 수 있다는 것이다.

오늘날 현존하는 시안의 경관은 당대의 장안성이 아니라 명 · 청대에 건

표 5-2. **역대 장안성의 방명 유형**[9]

유형별		가상*	연호	덕목	지명	종교	풍수	직능	기타	합계
한	회수	4	–	–	3	–	–	2	2	11
	%	36.4	–	–	27.2	–	–	18.2	18.2	100.0
수	회수	56	13	32	30	4	1	–	11	147
	%	38.1	8.8	21.8	20.4	2.7	0.7	–	7.5	100.0
당	회수	56	16	33	46	4	1	–	9	165
	%	33.9	9.7	20.0	27.9	2.4	0.6	–	5.5	100.0

* 가상은 경사로운 지명을 뜻함.

설된 것들이 대부분이다. 당시의 건조물은 당의 멸망과 더불어 군벌에 의해 철저하게 파괴되었다. 현존하는 당대의 유적은 자은사의 불탑인 대안탑과 천복사의 소안탑 정도에 불과하다. 또한 현존하는 성곽은 명·청대에 개수한 것이며, 이는 당대 장안성의 궁성 및 황성의 내곽 성에 해당한다. 650년 대에 축성된 당대의 나성인 외곽성은 대부분 파괴되었고 그 일부분만 토성의 형태로 남아 있을 뿐이다그림 5-8.

나성벽의 폭은 약 6m 정도로 명·청대의 그것에 비하여 두껍지 않은 편이며, 그 높이는 지형의 고저에 따라 20~30m의 차이가 있다. 상고시대부터 당대 현종 천보기天寶期(741~56)까지의 역대 제도들을 기록한 『통전通典』 중 군사제도 부분인 「병전兵典」에 나와 있는 당대의 축성법에 따르면 성벽의 상변·하변·높이의 비율이 각각 1.25 : 2.5 : 5.0이므로 실제 성벽의 높이는 약 23m 정도였을 것이다. 중국 도시의 성벽은 무진장한 황토를 재료로 만

그림 5-8. 토성으로 이루어진 당대 장안성의 외곽성

든 튼튼한 토벽으로 만들어졌다. 황토는 강우의 침식에 약하다는 단점이 있으나 강수량이 적은 관중지방에서는 토성의 수명이 길다.

장안성의 지역분화

당대 초기의 장안성은 전술한 바와 같이 동관고공기의 도시계획 원리에 충실한 등질적 도시구조를 형성하였다. 그러나 중기부터 성내의 기능이 다양화됨에 따라 지역분화가 진행되기 시작하였다. 당대 후기에 접어들면서 군사·입법·사법·행정 등의 기능은 장안성에 밀집해 있었으나, 정치와 경제기능이 왕도에 집중된 것은 오히려 대외적으로 당의 세력이 약화된 시기부터였다.

8세기 말부터 9세기 전반에 이르러 장안성에서는 정치의 중심이 태극궁에서 구릉지대인 대명궁으로 이동하였다. 대명궁에서는 태극궁과는 대조적으로 행정과 재정을 담당하는 관청들이 자리잡아 황제를 중심으로 하는 정치를 할 수 있게 되었다. 대명궁에 이어 714년 건설된 흥경궁은 장안성의 도시구조에 영향을 미쳤다. 이들 궁궐은 위치에 따라 태극궁이 서내西內, 대

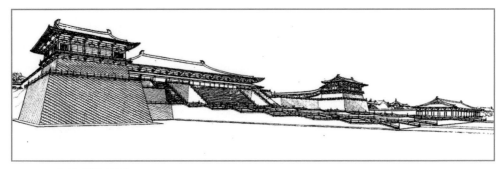

그림 5-9. 대명궁 함원전 복원도

명궁이 동내東內 혹은 북내北內, 흥경궁을 남내南內라 하였고, 이들을 합쳐 삼대내三大內라 불렀다.

황제가 구릉지대의 대명궁으로 이주했다는 것은 황제 자신이 상징성보다 편리성을 중시하기 시작했음을 의미하는 것이며, 이는 성내 주민의 주거지역에 변화를 일으키는 계기가 되었다. 관료들은 조회에 참여하기 편리한 대명궁 앞인 동북부로 주거지를 이전하였고, 반면에 서북부는 하류층의 저급 주거지역으로 바뀐 것이다. 주작대가 동쪽을 뜻하는 가동 북부는 귀족적 주거환경을 자랑하는 상류층의 고급주택지로 변모했다. 이런 현상은 714년 흥경궁의 건설로 더욱 심화되었다.

8세기 이후 장안성을 중심으로 하는 광역적 상권이 형성됨에 따라 공간에 대한 수요가 증가하여 성내의 토지를 효율적으로 이용하려는 움직임이 강해졌다. 9세기 전반에 들어오면서 주작대가의 양쪽인 동시東市와 서시西市를 중심으로 계층에 따라 토지이용이 분화되는 현상이 발생하였고, 두 시장을 중심으로 전문화된 상업지역이 형성되었다. 우물 정井자형 시장의 9개 블록 중 중앙에는 시장을 관리하는 시서市署가, 나머지 8개의 블록에는 각종 상점이 배치되었다.

그림 5-10에는 나타내지 못하였으나 주작대가 도로 양쪽에는 소규모 가게가 입추의 여지없이 처마를 잇대고 입지하였다. 토벽으로 둘러싸인 주거지역의 방장제가 점차 이완되기 시작하였고, 동시의 서쪽 평강방에는 관리와 부유층을 고객으로 하는 유곽이 생겨났다. 평강방 북쪽은 여행객의 숙박을 담당하는 여관가가 형성되었고, 그 주변의 영흥방과 숭인방 등의 여러 방에는 진주원進奏院이 집중적으로 입지하였다. 진주원은 어음 발행 등의 금융기능을 겸한 정보수집기관을 가리킨다.

통행자가 증가할수록 음식점이 많이 생겨났는데, 이들은 고객의 계층이나 기호에 따라 고급식당과 대중식당으로 분화되었다. 음식점은 동시보다

그림 5-10. 장안성의 토지이용(7~9세기)

서시 쪽이 많았으나 주로 교차로와 성문 근처에 입지하는 경향을 보였다. 숭인방과 평강방을 중심으로 하는 번화가는 성 밖까지를 배후지로 하여 각종 정보가 교환되는 장소로 이용되었으며 장안의 엘리트 문화가 형성되었다. 한편 하류층 주거지역의 중심인 서시에는 수많은 부랑자와 서역의 보석상과 금융업자들이 모여들었다.

주작대가를 중심으로 가동과 가서의 인구분포와 주민구성의 측면에 따라서도 상점입지에 업종별 차이가 생겨났다. 즉 관료가 많은 가동에는 외지인

그림 5-11. 서역인 시장 입구: 상인들의 대부분이 회족으로 구성되어 있다.

들도 끌어들이는 고급전문점이 입지하였고, 가서에는 하류층이 밀집하고 서역인이 집중적으로 거주하여 소규모의 영세한 상점이 입지하였다. 서역인들이 경영하는 상점도 모여들어 상업지역을 형성하였다. 실크로드를 따라 모여든 서역인들은 무려 약 4천 호에 달하였다. 그들의 주거지역은 '번방' 또는 '번시'라 불렸고, 유사시 서역으로부터 출병한 용병들도 그들의 공적을 인정받아 장안성에 영주하기도 하였다. 이슬람 신도인 그들의 상업지역은 오늘날에도 존속되어 이슬람 문화를 유지하고 있다그림 5-11.

　여기서 잠시 실크로드에 대한 설명으로 화제를 바꾸기로 하겠다. 중앙아시아를 통한 육로 교역 루트는 로마와 중국을 연결해 주었다. 많은 대상들이 중국의 비단을 운반했기 때문에 오늘날 이 길은 독일의 지리학자 리히트호펜Richthofen에 의해 실크로드Silk Road라고 불리기 시작하였다. 실크로드가 처음 열린 것은 전한前漢B.C.206~AD.25 때이다. 한 무제는 대월지大月氏 ·

그림 5-12. 양관을 지나는 실크로드: 실크로드 뒤로 멀리 만년설로 뒤덮인 톈산산맥이 보인다.

오손烏孫과 같은 나라와 연합하여 중국 북방 변경지대를 위협하고 있던 흉노를 제압하고 서아시아로 통하는 교통로를 확보하기 위해 2차례에 걸쳐 장건張騫을 중앙아시아로 파견했다. 장건의 원정을 계기로 당시 '서역西域'이라고 칭해지던 중앙아시아 및 서방 각지와 사절을 교환하게 되었고, 여러 문물이 왕래하게 되었다.

동서문물의 가교 실크로드는 중국의 장안에서 출발하여 서쪽의 간쑤성甘肅省의 하서주랑河西走廊을 가로질러 옥문관玉門關 및 양관陽關을 지나서 신장, 중앙아시아, 서아시아를 경유하여 고대 로마의 수도 콘스탄티노플에 이르는데 그 길이가 무려 7,000여 km에 달하는 고대 세계문명의 대화와 교류의 통로였다. 실크로드는 세계적으로 역사가 깊은 문명국과 중국, 인도, 이집트와 바빌론의 연결로였다. 실크로드가 지나간 지방에는 페르시아 · 마케도니아제국 · 로마제국 등과 같은 아시아를 비롯한 유럽 · 아프리카 대륙의

그림 5-13. 사막 속의 오아시스 월아천

대제국이 출현했으며, 메소포타미아 문명 · 이집트 문명 · 인도 문명 · 중국 문명 등의 고대문명이 찬란한 꽃을 피웠다. 이밖에도 실크로드의 개통으로 중국문명이 세계문명에 끼친 영향은 이루 말로 표현할 수 없을 정도이다. 또한 불교 · 기독교 · 이슬람교가 중국에 들어와서 유가 · 도교문화와 서로 융합되어 중국의 전통문화를 형성하였다.

　대상隊商이 물을 얻기 위해 멈춰 휴식을 취하던 오아시스에는 많은 도시들이 생겨났다. 사막지대인 신장위구르자치구를 통과하는 경로에는 하미哈密를 비롯하여 투루판 · 우루무치 · 알마티 등과 안시 · 둔황 · 미란 등이 입지하였다. 특히 둔황敦煌의 밍샤산鳴沙山에 위치한 월아천Crescent Moon Spring은 사막 한가운데 있으면서도 천년 넘게 단 한번도 물이 마른 적이 없는 오아시스이다. 이는 쿤룬 산맥의 만년설이 녹아 지하로 스며들어 복류천을 이루다 비교적 저지대인 이곳에서 샘이 되어 솟아나는 것이다. 이 경관은 사막 속 오아시스 경관의 극치를 보여주고 있다.

　교하고성交河故城은 B.C. 2~A.D. 14세기 사이에 존재하던 교하왕국의 수도였던 곳이다. 대지를 파서 축조한 독특한 성으로 버들잎 형태의 낭떠러지섬에 세워져 있으며 두 갈래의 작은 강이 교차하면서 감돌고 있다. 대지의 면적은 50만 m²이며, 남북이 1,700m이고 동서는 300m에 달한다. 천혜의 요새인 셈이다. 성 내부에는 남북을 관통한 큰 길이 있으며 큰 길 양측의 밀집된 건축물들을 보호하기 위하여 도로변의 문을 봉해 버렸다. 이는 건물의 개구부가 없다는 뜻이다. 이 건축물들의 특징은 송대 이전 도시들 중의 방제도와 동일하다. 큰 길 북쪽에는 불교사원이 하나 있고, 원 내에는 불탑이 있다. 교하고성은 B.C. 2세기에서 A.D. 5세기 중엽까지 왕정의 소재지였다. 7세기 중엽 당 왕조가 교하왕국을 멸하여 교하군을 설립하고 이곳에 안서도호부를 설치하였으나 13세기 말에 점차 쇠퇴하여 1500년 역사를 마감하였다.

　고창고성高昌故城의 역사는 B.C. 104년까지 거슬러 올라가는 고대도시이다. 당대에는 불경을 구하러 가던 현장법사가 잠시 들렀던 곳으로 유명하다. 성벽은 둘레가 5km이고 거의 완전하게 보존되어 있다. 성의 내부는 내성·외성·궁성으로 나누어져 수대의 장안성과 비슷하며 여기저기 건물터가 남아 있다. 서남쪽에 있는 큰 사찰은 매우 잘 보존되어 있어 사찰 내에 들어갈 수도 있으며 문창의 불탑도 선명하게 볼 수 있다. 성안의 건축물은 모두 분토나 굽지 않는 벽돌로 지어졌다. 고창고성 옛터는 B.C. 1세기에 짓기 시작했고, 640년 당나라 때는 고창에 서창주를 설립하여 400년 동안 정치·경제·문화의 중심지를 이루었다. 9세기 중엽 회골回鶻사람들이 몽골로부터 이곳으로 이주해 와 도읍을 고창성으로 세웠기에 역사적으로 고창회골高昌回鶻이라 불렀는데 대략 14세기 무렵에 고창성도 폐기되고 말았다.

　화제는 다시 장안성 이야기로 되돌아간다. 안사의 난 이후 주민의 계층과

그림 5-14. 교하고성

신분에 따라 주거지를 달리하는 현상이 나타나기 시작하였다. 안사의 난은 755년에서 763년에 이르기까지 약 9년 동안 당나라를 뒤흔든 난으로 안록산 등이 주동이 되어 일으킨 반란이다. 황족이나 환관을 비롯한 고관의 상당수가 삼대내 주변에 거주하고, 동시의 남쪽 승평방 일대에는 과거진사과에 합격한 관료들이 다수 거주하는 신흥주택지역이 형성되었다. 그리고 9세기

그림 5-15. 고창고성의 사찰 유적

에는 고급주택들이 소국방·수행방 등지로 확대되었다. 하급관리들은 남쪽 성곽 부근이나 궁성에서 멀리 떨어진 지역에 거주하였고, 비한족非漢族 관리와 상인 대부분은 서시 주변에 거주하였다. 사회적 주거지 분화가 진행된 것이다.

앞에서 말한 바와 같은 주거지역의 분화는 궁궐로부터의 공간적 거리와 관료의 계층적 지위가 서로 관련하여 진행되었다. 관료에게는 황제의 거처인 대명궁과 가능한 근접거리에 거주하는 것이 정신적·사회적으로 필요했을 것이다. 또한 그들은 사회적 변화로 치안이 악화되고 계층 간 알력이 커짐에 따라 동일한 계층끼리 함께 모여 거주할 필요성도 느꼈을 것이다.

고관들의 저택이 밀집함에 따라 고관들 사이에 왕래가 잦아져 지역의 가치가 더욱 높아졌다. 양호한 주거환경은 예나 지금이나 더 많은 상류층을 끌어들이는 요인이 된다. 그리하여 삼대내 주변지역은 7세기 후반부터 황족과 고급관료를 비롯한 환관이 모여살고 지가가 치솟아 폐쇄적 공동체gated community를 형성하게 되었다. 그들은 블라켈리Blakely와 스나이더

연희문

종루

대명궁

성곽 폭

대안탑

흥경궁 용지龍池

주작대가

해자

그림 5-16. 궁성과 황성 일대의 경관

Snyder가 정의한 것처럼 영역·가치·장소·지원구조·운명 등을 공유하는 공동체였다.[10] 공동체는 정의를 내리기 어려운 용어이지만 학자들은 공유 혹은 나눔sharing으로 해석하였다. 즉 영역의 공유는 물리적 또는 사회적 경계에 의해 정의되며, 가치의 공유는 인종·소득 수준·종교·전통 등에 기반한 정체성과 동질성에 의해 정의되고, 장소의 공유는 공원·오픈 스페이스·거리 등의 공통된 장소에서 교류함으로써 이뤄진다. 그리고 지원구조의 공유는 자선단체·교회·레크리에이션 클럽 등에서 행하는 상조회나 지원단체를 가리키며, 운명의 공유는 공동체의 미래를 보장하거나 안내하는 메커니즘을 의미한다.

이와 같은 공동체의 기원은 서양의 경우 로마시대까지 거슬러 올라갈 수 있으나, 동양의 경우는 문헌상 장안성이 최초일 것으로 사료된다. 상류층의 주거지역이 계층별로 분화된 점은 신라의 서라벌에서는 나타나지 않았던 현상으로 이와 대비되는 사실이다. 그러나 상류층이 중심에 자리하고 하류층이 외곽에 분포하는 주거지의 배열패턴은 타 지역의 고대도시와 봉건제도 하의 중세도시에서도 찾아볼 수 있는 패턴이다.

삼대내 남부는 곡강지曲江池와 같은 경승지와 가깝다는 이유로 주택의 가치가 더욱 상승하였다. 곡강지는 그 규모가 커서 수군水軍의 훈련장으로 이용되기도 하였지만 황제와 고급관리들의 연회장소 또는 유람지로 명성을 떨친 곳이다. 당시의 관리들은 대부분 별장을 소유하고 있었다. 남쪽 성곽에 가까운 안화문 부근의 대안방·대통방·돈의방 등지에는 수목이 우거진 수변공간의 별장지대가 조성되었다. 당 후기에는 경승지에 관리들의 가묘家廟가 건립되었다. 가묘는 당시 신분과 지위를 상징하는 것이었다.

:: 주 해설

1] 妹尾達彦, 2001, 長安の都市計劃, 講談社, 東京.

2] Vidal de la Blache, P., 1922, *Principes de Géographie Humaine*, 飯塚浩二 譯, 1991, 人文地理學原理, 岩波文庫, 東京.

3] 남영우, 2000, "도시문명의 발생과 지절률", 대한지리학회지, 35(3), 427-435.

4] 西安市人民政府外事弁公室 編, 2003, 世界歷史名都西安, 北京, p.25.

5] 賀次君輯校, 1980, 括地志輯校, 中華書局, 北京.

6] 宮崎市定說에 의거함(愛宕元, 1991, 中國の城郭都市, 中公新書, 東京. p.23).

7] Haggett, P., 1975, *Geography: a modern synthesis*, Harper & Row, New York.

8] 愛宕元, 1991, 中國の城郭都市, 中公新書, 東京.

9] 최진열, 2006, "隋唐 長安城과 坊名: 地域性 坊名과 小天下 意識", 中國古代史研究, 13, 137-188.

10] Blakely, E. J. and Snyder, M. G., 1999, *Fortress America: Gated Communities in the United States*, Brooking Institution Press, Washington, D.C.

제2부

중세 도시

"사람들은 왜 도시를 만드는가?"

"사람들은 왜 도시에 사는가?"

"사람들은 왜 도시로 모이는가?"

:

"사람들이 도시에 사는 의미는 무엇인가?"

:

"그렇다면, 도시란 무엇인가?"

물의 도시

베네치아의 게토

베네치아와 게토

    베네치아Venezia는 누구나 가보고 싶어 하는 유서 깊은 도시이다. 그러나 이 도시가 게토의 근원지임을 아는 사람은 별로 많지 않다. 베네치아는 도시가 형성되기 시작한 9세기 이후부터 오늘날에 이르기까지 오랜 기간에 걸쳐 도시형성 과정이 누적된 갯벌 위에 건설된 도시로서, 중세와 르네상스 시대의 건축이 주류를 이루는 전형적인 역사도시이다. 이런 이유 때문에 많은 학자들이 이 도시를 연구대상으로 삼았는데, 특히 이탈리아의 무라토리

갯벌에 위치한 베네치아

Muratori[1]와 국내의 손세관[2]을 비롯한 몇몇 학자들은 중세의 도시공간구조를 규명하기 위하여 베네치아를 대상으로 이른바 유형형태학적 접근방법typo-morphologic approach을 적용해 왔다.

피렌체와 로마에 이어 르네상스 문화를 꽃피운 베네치아는 15~16세기에 걸쳐 매우 독특하고 수준 높은 문화를 창조하였다. 피렌체와 로마가 그들의 관심을 고대 그리스나 로마로 돌린 것과는 달리, 베네치아는 특이하게도 달마티아Dalmatia를 경유하여 오리엔트로 향하였다. 베네치아는 도시의 성장 과정에서 로마나 파리처럼 인위적인 도시계획이 적용된 적이 한번도 없었다. 그런 측면 때문에 베네치아는 후술할 예정인 페스와 같이 무질서한 미

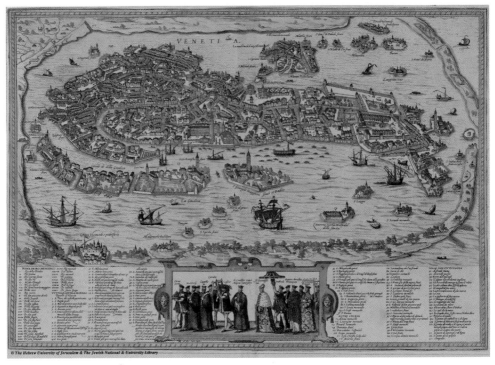

그림 6-1. 베네치아의 고지도[3]

로들로 구성된 이슬람 문화권의 도시들과 비교될 수 있다.

오늘날 미국에서 사용되고 있는 게토는 흑인 게토negro ghetto 혹은 슬럼slum을 지칭하는 용어로 사용되고 있다. 이것은 내부도시나 기성시가지inner city에서 흑인비율이 높거나 빈곤·실업·범죄·열악한 주택, 그리고 사회 전반에 걸쳐 낙후성이 집중적으로 나타나는 지역을 의미한다. 그러나 흑인 게토라 하여도 중산층에 속하는 흑인들의 주거지는 예외적이다. 일반적으로 슬럼은 특정의 인종 및 카스트 집단과 경제생활의 낙오자 집단으로 구분되고 있다. 개발도상국형 슬럼은 도시 전체에 산재하며, 미국형 슬럼은 대도시의 CBD중심업무지구, Central Business District주변지대에 분포하는 것이 일반적이다.

유대왕국의 멸망으로 팔레스타인을 떠난 유태인들은 디아스포라diaspora를 이루었고, 그들 중 한 무리가 베네치아로 유입되어 게토를 형성하였다. 게토는 역사적으로 유태인들을 격리하기 위하여 법적으로 지정된 중세도시의 한 구역이었다. 19세기경에 이르러 합법화된 게토는 사라졌으나, 남아프리카공화국과 같은 아파르트헤이트apartheid 도시와 미국의 대도시에서는 재현되어 있기도 하다. 현대적 의미의 게토는 소수집단의 심리적·정치적 욕망과 지역사회의 편견 및 차별에서 유래한다. 현대도시에서 격리segregation는 자연발생적인 현상으로 생태적 분화ecologic differentiation or segregation의 의미이다. 그러므로 워스Wirth는 게토라 하여 반드시 슬럼만을 의미하는 것이 아니고 상류층 게토guilded ghetto가 형성될 수 있음을 지적하였다.[4] 이와는 달리 중세도시의 격리는 강제적 현상으로 엔크레이브enclave 또는 아파르트헤이트의 의미를 지닌다.

지금까지 지리학 분야에서는 루이스Louis가 지적한 것처럼[5] 슬럼으로서의 흑인 게토와 소수민족으로서의 게토에 관한 연구는 많았지만 유태인 게토에 관한 역사적 접근이 시도되지 못하였다. 본 장은 오늘날 슬럼의 의미로 인식되고 있는 게토의 근원이 중세도시인 베네치아의 격리된 게토에 있다는 사실에 주목하여 유태인 게토가 형성된 배경과 그 실태에 대하여 고찰하기로 한다. 저자는 본 장을 통하여 게토의 기원을 파악함은 물론이고 격리의 개념을 재음미해 보고자 했다. 이 연구를 수행하기 위하여 베네치아와 유태인 게토에 관련된 각종 문헌과 자료를 분석하였고 2002년과 2007년 여름 두 차례에 걸쳐 현지답사를 병행하였다.

베네치아의 번영

피렌Pirenne[6]은 중세도시가 원거리무역이 주도하는 도시생활의 다양성과 혼합성을 보유하고 있다는 점을 들면서 중세도시를 무역이 스며들었던 장소만으로 폄하한 베버의 주장을 비판하였다. 피렌은 베네치아야말로 자석과 같은 도시라고 강조하였다. 그것은 베네치아의 도시적 결절성을 지적한 것이었다. 특히 향신료 무역은 유태인과 같은 외국인을 끌어들임과 동시에 베네치아를 부유하게 만드는 상업의 한 종류였다. 베네치아는 동양의 인도 등지에서 재배된 샤프론saffron · 커민cumin · 노간주나무juniper를 유럽에 들여옴으로써 교역상 유럽의 결절점 역할을 하였다.

A.D. 1000년경, 베네치아는 예루살렘으로 가는 길목의 하나였던 아드리아 해 주변에서 두브로브니크와 함께 가장 우세한 세력으로 자리를 잡았다. 따라서 베네치아는 '팔레스타인Holy Lands'으로 향하는 유럽 십자군의 통로가 되었다. 제3차 십자군 원정 이후, 이 도시는 동방과 무역을 할 수 있는 권리를 얻었고, 이 권리를 향신료 수입에 이용하였다. 십자군은 동방에서 경험한 향신료 맛을 잊지 못하였고, 이런 향신료의 등장은 유럽인의 식생활을 크게 바꿔 놓았다. 향신료 무역은 베네치아의 도시경제에서 매우 큰 비

중을 차지하였다. 1277년에는 베네치아와 경쟁자였던 제노바Genoa가 벨기에의 브루헤Brugge와 영국해협의 다른 항구에 상품선단을 보내기 시작하였다. 이후 베네치아인들은 영국을 통하여 북유럽과도 무역을 시작하였다.

베네치아의 주요 산업은 바다를 항해하는 조선업이었다. '갤리선galley ship'이라 불리는 상선商船은 원거리무역에 유리한 구조를 띠고 있었다. 군함보다 길고 넓은 형태의 갤리선은 향신료 상인들에게 임대되었다. '무다Muda'라 불린 대형선박의 선단은 화물을 실으러 지중해 남쪽 해안까지 갈 때도 있었지만, 선박의 비용과 구조 덕분에 보스포루스 해협을 거쳐 흑해로 가는 원거리항해로 더 많은 이익을 챙겼다. 이들 선단은 인도와 실론으로부터 육로로 수송해 온 향신료를 흑해의 동쪽 해안에서 넘겨 받아 서유럽에 내다팔면서 부를 축적하였다.

9~11세기에 이르는 기간동안 베네치아는 조선업 분야에서 유럽 최고의

그림 6-2. 구글 어스로 본 베네치아

선진국이었다. 베네치아의 조선소 겸 해군기지는 섬의 동쪽 끝의 아르세날레Arsenale에 위치해 있었다. 베네치아는 초기 교구제敎區制였던 것을 6구제六區制, Sestiere system로 바꾸었는데, 아르세날레는 카스텔로Castello구에 위치해 있다. 베네치아의 조선기술이 타의 추종을 불허한 이유는 왕성한 해상교역 때문이기도 하지만 목재를 대량으로 공급받을 수 있는 삼림지대가 인접해 있었기 때문이었다. 이 지역은 세계에서 최초로 공업지대를 형성한 곳이었으며, 직업에 따른 주거지분화가 진행된 곳이기도 하다. 게토 누보에 있던 주물공장은 유태인 게토를 설치하면서 아르세날레로 옮겨졌다. 근대 도시계획의 특징 중 하나인 지구제zoning system는 이미 중세 베네치아에서 실현되고 있었던 셈이다.

　베네치아의 번영은 자연스럽게 공간적 수요를 촉발하였다. 리알토Rialto

그림 6-3. 카스텔로구에 위치한 아르세날레

섬을 근거지로 발전의 기틀을 마련한 베네치아는 지속적으로 도시의 영역을 확장해 나아갔다. 베네치아인들은 섬 주변의 갯벌과 소택지를 매립하여 인공지반을 만들어 단계적으로 영토를 확장한 것이다. 그림 6-4는 영토확장의 단계를 보여주고 있다. 이 그림을 보면 9세기에는 도시의 중심지가 베네치아 남쪽의 말라모코Malamoco에서 리알토로 옮겨 왔으며, 11세기에 이르러 거꾸로 된 S자 형태의 휘어진 대운하가 체계를 갖춘 사실을 알 수 있다. 그리고 12세기 중반에 확장된 영역은 오늘날의 베네치아와 거의 유사함을 발견할 수 있다. 인공지반은 자연의 법칙에 순응하면서도 밀물 시에도 섬이 수몰되지 않도록 운하와 수로가 갯골을 수로로 살려 지혜롭게 고안되었다. 거미줄과 같은 미로의 수로는 도시의 공간구조를 다핵화시키는 요인이 되었다. 그림 6-1에서 본 연구지역인 서북쪽의 카나레조Cannaregio 구는

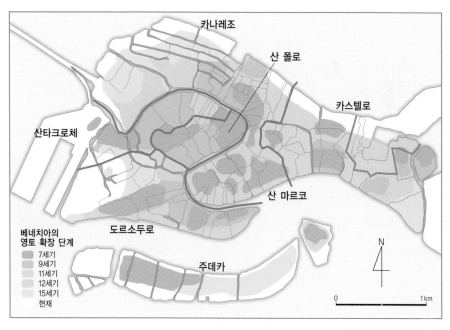

그림 6-4. 베네치아의 영토확장 단계

11~15세기에 걸친 매립공사로 베네치아의 영역에 속하게 되었음을 알 수 있다.

15세기에 베네치아인들은 북부이탈리아에 제국을 건설하여 국제무역의 불안정성에 대처하려 하였다. 전통적으로 베네치아 갯벌에 있는 메스트레 Mestre 시는 견고한 땅을 연결하는 주요한 고리 역할을 하였다. 베네치아인들은 주변의 베로나Verona, 비첸차Vicenza, 파도바Padova 등의 도시를 그들의 배후도시로 보유하고 있었다. 그러나 그들은 1509년 봄부터 단기간에 그 배후도시를 프랑스와 달마티아 세력에 모두 빼앗기고 말았다. 베네치아의 세력은 섬의 도시에 고립된 채 갑자기 약화되어 불안정해졌다.

유태인들이 베네치아로 피난오기 시작한 것은 바로 이 무렵이었다. 12세기경까지 유태인들은 베네치아 일대에 흩어져 거주하고 있었다. 1509년 캄브라이 동맹the League of Cambrai의 전쟁 결과, 약 500명에 달하는 유태인들이 해안도시 메스트레 시를 떠나 베네치아로 이동하였다. 그들은 매력의 도시 베네치아가 안정을 가져다줄 것으로 기대하였다. 게르만족의 학살을 피해온 독일-폴란드계 유태인Ashkenazic Jews은 1090년부터, 스페인에서 추방된 스페인-포루투갈계 유태인Sephardic Jews은 1492년부터 그 수가 증가하기 시작하였다. 그들은 스페인 왕국의 성립으로 이베리아 반도에서 추방된 10만여 명의 유태인 중 일부였다.

중세 유럽의 유태인들은 행상인이거나 중고품 판매상으로 대부분 가난을 벗어나지 못하였다. 그들에게 유일하게 개방된 자유로운 전문직은 의사였다. 유태인이 핍박받기 이전에는 그들 중 소수만이 고리대금업자로 일했고, 베네치아의 은행업무는 대부분 베네치아인들과 기독교도 외국인들의 차지였다. 그러나 아그나델로Agnadello 전쟁에서의 패배 이후 베네치아로 피난온 유태인 중 상당수는 고리대금업으로 성공하여 부유해졌고, 그들은 다이아몬드, 금, 은 등의 보석을 많이 보유하게 되었다. 이에 따라 베네치아에서는 비록 피난민이었지만 신분이 상승된 유태인 의사와 고리대금업자들이 눈에 띄기 시작하였다.

유태인의 격리배경과 게토

셰익스피어Shakespeare는 그의 희곡 『베네치아의 상인 *The Merchant of Venice*』에서 부유한 유태인 고리대금업자인 샤일록Shylock이 벌인 기이한 사건을 전개한 바 있다. 샤일록은 바사니오Bassanio에게 3개월 동안 3,000두카트ducat를 빌려주었는데, 바사니오의 친구 안토니오Antonio가 샤일록에게 그 빚을 갚기로 약속하였다. 귀족적 기독교도인 안토니오는 평소 샤일록을 증오하고 있었다. 그러나 그의 전 재산을 싣고 오던 배가 풍랑을 만나 침몰하는 바람에 약속을 지킬 수 없게 되었다. 만약 안토니오가 빚을 갚지 못하면 몰수금으로 그의 살 1파운드를 베어내기로 약속하였다.

이 희곡의 내용 중 이상한 점은 극중의 안토니오와 기독교 당국이 유태인과의 약속을 지킬 필요가 있다고 생각하였다는 것이다. 셰익스피어가 이 희곡을 집필했을 당시 관객들은 유태인들을 법적 보호를 받을 가치가 없는 존재라고 생각하였다. 이 희곡의 줄거리는 중세의 대학과 조합에서 처음으로 형성된 경제적 권력을 보여주고 있는 듯하다. 샤일록의 금전적 권리는 국가도 무시할 수 없을 만큼 보호받을 수 있었다.

『베네치아의 상인』에서 유태인의 경제력은 베네치아인들의 기독교 커뮤니티를 공격하는 것으로 묘사되었다. 베네치아는 유럽과 아시아 그리고 아프리카 사이의 교역관문인 동시에 르네상스 시대의 가장 글로벌한 도시였다. 독일의 문호 괴테Goethe1749~1832는 1787년 로마와 파리를 글로벌 도시Weltstadt라고 불렀으나, 16세기 국제교류의 측면에서 베네치아는 로마를 능가하는 도시였다. 셰익스피어가 『베네치아의 상인』을 집필했던 1590년 경 베네치아의 부富는 이미 쇠퇴하기 시작했지만, 유럽에서 베네치아의 이미지는 '황금빛 항구도시'였다.

베네치아의 도시사회는 수많은 외국인들로 붐비는 이방인의 도시인 동시에 교역을 통해 축적되는 부의 장소였다. 베네치아에는 유태인뿐만 아니라 투르크, 독일, 페르샤, 아르메니아, 알바니아, 그리스, 달마티아 등의 이방인 주거지역이 형성되었다그림 6-5. 그러나 베네치아는 고대 로마제국과 달리 영토를 바탕으로 하는 강대국은 아니었다. 또한 출입하는 외국인들도 제국이나 국민국가nation state의 일원이 아니었다. 거류외국인들은 주로 유태인을 비롯한 독일인·그리스인·달마티아인·터키인 등이었으며, 그들은 공식적인 시민권을 얻지 못하고 영원한 이민자로 살고 있었다.

16세기에 유태인 고리대금업자들이 실제로 거주하였던 곳은 유태인 게토

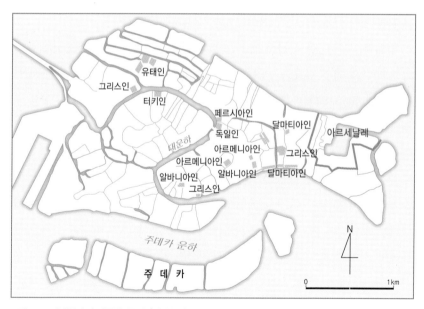

그림 6-5. 베네치아의 민족별 주거지의 분포(1600년경)

ghetto였다. 현실 속의 고리대금업자들은 동틀 무렵 도시 주변부의 게토를 나와 도심 근처에 있는 목조다리인 리알토 교Rialto bridge 주변에 위치한 금융지구로 향하였다. 5km 길이의 대운하Grand Canal 중앙에 위치한 리알토는 '높은 지대'라는 뜻인 '리보 알토Rivo Alto'에서 유래된 지명으로 초기 도시건설이 시작된 곳이다. 그러므로 리알토는 베네치아에서 가장 먼저 도시시설이 정비된 중심지였다.

해질 무렵이 되면 게토의 문은 닫히고 주택의 덧문이 밖에서 잠겼다. 경찰은 그 주변을 순찰하였다. 한자동맹Hanseatic League 무역도시의 진입문 위에 "도시의 공기가 사람들을 자유롭게 한다Stadtluft Macht Frei"라 쓰여진 문구는 유태인들을 씁쓸하게 만들었다. 왜냐하면 도시에서 사업을 할 수 있는 권리가 그들에게 자유를 가져다 주지는 않았기 때문이다. 유태인들은 평등한 인간으로 계약을 했으나 격리된 인간으로 살아갔다.

유태인들이 베네치아에서 격리된 이유는 기독교 커뮤니티를 오염시키는 질병 때문이었다. 베네치아인은 유태인을 더러운 육체적 악으로 취급하였고 기독교인들은 유태인과의 접촉을 두려워하였다. 포아Foa[7]가 지적한 것처럼 유태인의 육체는 알 수 없는 불결한 힘을 가지고 있으며 성병을 옮긴다고 생각하였다. 사실 유태인의 몸은 청결하지 못하였다. 그래서 사업상 유태인과의 계약은 다른 민족과 달리 신체적 접촉 없이 간단한 목례 정도로 이루어졌다. 유태인과의 접촉은 베네치아인들을 더럽혔지만, 동시에 그들을 매혹시켰다. 격리된 공간인 게토는 유태인들의 경제적 필요와 그들에 대한 혐오감의 산물이었다. 다시 말해서 현실적 필요와 육체적 두려움 간의 타협이었던 것이다.

게토의 건설은 베네치아가 어려움에 처했을 때 계획되었다. 베네치아가 교역의 패권을 상실하고 군사적 패배를 당했을 때, 도시의 지도자들은 그것을 도덕성과 육체적 타락의 탓으로 돌렸다. 게토의 건설계획은 이러한 도시를 도덕적으로 개혁하려는 시도에서 나왔다. 그들은 유태인을 격리시킴으로써 그들과 접촉할 필요가 없어졌으므로 베네치아에 다시 평화와 위엄이 깃들 것이라 기대하였다. 게토는 기롤라모Girolamo 수로와 카나레조Cannaregio 운하로 둘러싸인 고립된 섬이었으며, 그 주변이 이탈리아 사원Italian temple을 비롯한 중국의 광둥 사원Cantonese temple과 독일 사원German temple, 서남아시아의 레반트 사원Levantine temple 등 이방인의 사원들이 위치한 곳이었다.

　유태인들이 게토에 격리되어 그들만의 삶을 살았다는 것은 당시의 시각으로는 별로 이상할 것이 없다. 제1차 십자군 원정 후, 1179년과 1215년에 개최된 제3, 제4차 라테란 공의회Lateran Council 이후 유럽의 기독교인들은 실제로 유태인들이 기독교 커뮤니티에 거주하지 못하도록 시도하였으나 실

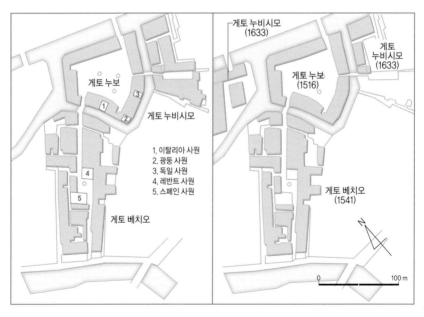

그림 6-6. 베네치아의 게토 계획도와 실제 분포

행에 옮겨지지는 못하였다. 게토는 중세 초기에 로마에도 존재하고 있었다. 중세 로마의 유태인 주거구역의 몇몇 가로에 관문이 세워져 있었지만, 유태인들을 모두 격리시키기에는 도시의 조직이 너무 무질서하였다. 그러나 베네치아는 그것이 가능한 입지적 조건이 갖춰져 있었다.

베네치아는 물 위에 건설된 도시였으므로 도시의 길인 수로는 각 블록을 거대한 섬처럼 분리시켰다. 도시의 장로들은 유태인 게토를 만들어 그들을 격리시키기 위해 이러한 수로를 이용하였다. 유럽에서는 사회적 불안이 고조될 때마다 유태인들이 박해의 대상이 되었다. 13세기 이후 먼저 독일에서 유태인의 공직 추방, 토지소유 제한, 기독교인들에 대한 고리대금 금지조치가 취해졌다.

베네치아인들은 유태인들이 기독교 커뮤니티에 끼어들면서 심리적으로 고통을 받았으나 수동적인 희생자는 아니었다. 유태인 게토는 비록 격리되었지만, 그들은 그 격리로부터 새로운 형태의 공동체 생활을 창출하였다. 실제로 르네상스 시대의 베네치아 유태인들은 게토 안에서 어느 정도의 자치권을 가지고 있었다. 로버트Robert가 지적한 것처럼,[8] 기독교인들의 사순절과 같은 경건한 종교행사가 있을 때 도시의 유태인이나 터키인과 같은 비기독교인을 위한 공간은 기독교 군중으로부터 보호 받을 수 있었다.

유태인들은 게토 생활로 인하여 외부 세상과 접촉할 경우에 이로운 점이 많았다. 유태인에게 있어서 게토 밖으로 나가는 것은 유태인적 기질을 해치는 것이었다. 그들은 3,000년이 넘는 긴 세월 동안 억압하는 사람들 사이에 섞여 작은 세포단위로 생존해 왔다. 그들은 어디에 살든지 상관없이 그들의 신앙을 잃지 않았다. 이른바 '약속의 민족'은 신앙적 믿음의 결속력을 그들의 장소인 게토에 더욱 의존하기 시작하였다. 아이러니하게도 그곳에서 그들은 더욱 유태인다울 수 있었다.

풀런Pullan이 지적한 바와 같이[9] 1509년 아그나델로의 패배 이후 베네치아에 처음 유태인 주거지 게토가 조성된 7년 동안 베네치아 시민들 사이에서는 자신들의 패배를 도덕적 타락에서 찾으려는 분위기가 조성되었다. 그 분위기는 유태인의 존재에 대한 증오심으로 번졌다. 베네치아에서 도덕개혁운동이 전개된 것은 유태인에 대한 증오심과 연관된 것이었다.

당시 유럽도시에서 베네치아의 이미지는 관능미에 의해 좌우되는 바가 컸다. 베네치아에는 동성애적 하위문화가 번창하고 있었던 것이다. 또한 향신료 무역 역시 관능적인 도시의 이미지에 기여하였는데, 그 이유는 샤프론과 같은 향신료가 신선하지 못한 음식의 맛을 북돋아줄 뿐만 아니라 육체의 정욕을 유발하는 최음제로 여겨졌기 때문이다.

베네치아 항구에서는 매춘이 성행하였다. 매춘부의 활동은 매독이라는 새로운 성병을 퍼뜨렸는데, 이 성병은 1494년 이탈리아에서 출현한 것이었다. 당시에 매독이 성관계를 통해 전염된다는 사실은 알아냈으나, 전염의 생리와 치료방법은 여전히 수수께끼였다. 역사학자 포아가 지적했듯이, 1530년대까지 유럽인들은 구세계에서 발생한 매독이 신세계를 정복했기 때문이라고 판단하였고, 아메리칸 인디언들을 매독의 원조라고 생각하였다. 그러나 그로부터 한 세대 전에는 유태인들이 스페인에서 추방당할 때 매독을 유럽으로 전파시켰다는 것이 더 지배적인 해석이었다.

종교적 관습으로 인하여 유태인들의 몸은 무수한 질병들을 지니고 있을 것으로 추정된다. 특히 유태인들이 나병에 잘 걸린다는 사실에 근거하여 매독이 유태교와 관련이 있을 것으로 생각되어졌다. 왜냐하면 유태인들은 종교적 이유로 돼지고기를 먹지 않기 때문에 다른 민족들에 비하여 나병에 걸리기 쉽다는 것이다. 매독 역시 나병과 마찬가지로 매춘부와 성 접촉을 하지 않았더라도 상처 부위와 접촉하면 감염되는 것으로 생각되었다. 그러므로 베네치아인들은 이러한 질병에 감염되지 않기 위해서는 유태인들과 접촉하지 말아야 한다는 생각을 하였을 것이다.

베네치아 상원上院은 육체적 규율을 통한 도덕적 개혁을 도모하기 위해 새로운 법령을 제정하였다. 여자들에게는 속이 비치는 의상이나 레이스의 사용이 금지되었고, 남자들에게는 육체적 매력을 발산하는 의상이 금지되었다. 유태인들에 대한 베네치아인들의 공격적인 태도는 육체적 관능에 대한 혐오감과 얽혀 있었다. 비단 매독뿐만 아니라 유태인들의 돈 버는 방식 역시 논쟁의 초점이 되었다. 특히 유태인들의 고리대금업은 육체적 타락과 직접적으로 관련되어 있었다. 그러므로 중세 기독교인들은 유태인들을 고리대금업에 종사하는 창녀와 같은 존재로 인식하였다. 그러나 사실 베네치아 고리대금업의 이자율은 15~20%로 중세유럽의 다른 도시들보다 낮았다.

베네치아로 피신해 온 유태인 의사들은 더욱 노골적으로 기독교인들을 자극하였다. 왜냐하면 베네치아 시민들은 진료를 하는 유태인 의사들 역시 질병을 일으키는 위협적인 존재라 여겼기 때문이다. 역사학자 길먼Gilman[10]은 유태인들이 다른 민족보다 나병에 걸리기 쉬운 이유를 그들이 아마亞麻 섬유로 만든 옷을 입지 않는다는 점과 그들의 주택에 욕실이 없다는 점에서 찾았다. 베네치아 시민들은 유태인을 생활의 청결함이나 단정함에 너무 소홀하기 때문에 강제로 손을 씻게 하는 법을 만들어야 한다고 생각했을 정도로 그들을 혐오스러운 대상으로 여겼다. 사실 유태인 의사들은 특별히 요구하지 않으면 손을 씻지 않았으므로 항상 성병에 노출되어 있었다.

이와 같은 종교적 편견은 대체로 상대방에게 책임을 전가함으로써 상황을 모면하려는 속성이 있다. 책임전가는 계급적 특성을 지녔는데, 베네치아의 경우는 귀족, 부르주아, 그리고 평민으로 구성되어 있었다. 이들 중 귀족과 부르주아 계급은 총 인구의 약 5%에 해당하였다. 세넷Sennett에 의하면[11] 당시 유태인들은 기껏해야 총인구의 약 1%에 해당하는 1,500~2,000명에 불과하였다.

유태인들을 베네치아에서 추방해야 한다는 강경한 주장도 있었으나 실제

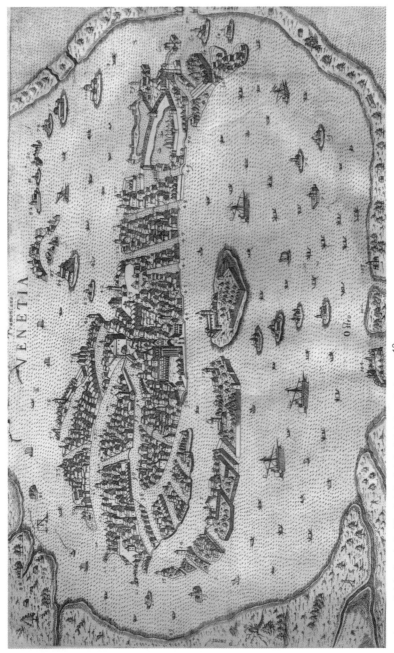

그림 6-7. 테민처 지도와 유사한 시기에 제작된 베네치아 교지도(1573년)[13]

로 그들을 쫓아낼 수는 없었다. 당시 베네치아의 유력인사들의 주장을 보면, 일반시민들은 유태인이 은행가보다 도시에 더욱 필요한 존재라고 믿고 있었다. 심지어 중고품 상점을 하는 가난한 유태인들도 도시에 필요한 존재였다. 이러한 주장은 모든 유태인들이 많은 세금을 내고 있었기 때문이었다. 즉 베네치아인들은 현실적 필요에 따라 유태인의 존재를 인정하게 된 것이다.

이러한 이유로 그들은 혐오스러운 유태인과 동일한 도시공간에 공존하기 위한 해법을 모색하였다. 그것은 바로 추방이 아닌 격리하는 방법이었다. 유태인의 커뮤니티를 조성하기 위해서는 도시의 분할이 필요하고, 이렇게 소수의 고립을 통해서 대중의 순수성을 지킬 수 있다고 생각하였다. 그리고 섬으로 이루어진 베네치아는 도시분할에 적합한 지리적 조건을 갖추고 있었다. 왜냐하면 당시의 베네치아는 중심적 요소에 의해서 하나의 유기체로 통합된 구조를 이루는 대신에 교구教區를 중심으로 하는 다핵적 도시구조를 띠고 있었기 때문이었다. 이러한 사실은 테만차 지도Temanza map[12]라 알려진 자료 속에서 확인될 수 있다.

게토의 형성과 쇠퇴

베네치아에서 먼저 격리시켰던 이방인들은 유태인이 아니라 그리스인 · 투르크인 · 독일인 등의 이민족이었다. 특히 독일의 입장에서 베네치아는 교역을 위하여 매우 중요한 도시였다. 1314년 베네치아인들은 독일인들이 탈세를 하지 못하도록 그들을 한 건물에 집단수용하였다. 수용된 독일인들은 그 건물에서 인적사항과 물품을 등록해야만 생계를 유지할 수 있었다. 리알토 교 주변에 위치한 이 건물은 '독일인의 공장'이란 뜻의 폰다코 데이

그림 6-8. 리알토 교 주변의 폰다코 데이 테데치

테데치Fondaco dei Tedeschi였다그림 6-8. 원래 폰다코는 독일인들만 거주할 수 있는 중세 주택이었지만, 그 후부터는 독일인을 격리시키는 형식의 보다 억압적인 공간의 원형이 되었다. 이 공간은 집중과 고립의 개념을 도입한 것이었다.

독일인들은 항상 베네치아인들의 감시하에 있었다. 현재 우체국으로 이용되고 있는 폰다코는 1505년에 건설된 건물로, 베네치아의 상관商館으로 불리었으며 원래 아랍어 푼두크funduk에서 유래된 명칭이다. 이슬람에서 '푼두크'란 페스 설명에서 후술하는 바와 같이 여기저기 떠도는 상인들을 위한 숙소 겸 상품거래소의 기능을 가진 건물을 가리킨다. 가톨릭교도의 눈으로 보기에 독일의 개신교도는 유태인과 흡사하였다. 폰다코 커뮤니티는 분할·군집·고립으로 표현되는 공간이 되었고, 그 공간 속에서 이방인들은 그들만의 결속을 느끼기 시작하였다. 개신교도와 가톨릭교도 사이의 첨예한 대립은 그 건물 내에서도 존재하였지만, 그들은 이탈리아인들과의 상거래에 있어서 응집력 있게 행동하였다.

'게토' 란 단어의 유래는 분분하지만 대체로 세 학설로 요약된다. 첫 번째 학설은 게토가 원래 '퍼붓다' 란 뜻의 이탈리아어 게타레*gettare*에서 파생된 주물공장을 의미하는 말이라는 설이다. 두 번째 학설은 16세기 초 유태인 주거구역에 명명된 게토의 지명이 히브리어의 절연장絶緣狀을 의미하는 *'get'* 에서 유래되었다는 것이다. 이탈리아어에서 '게토' 라 발음되는 지역은 채석장을 의미하는데, 돌을 떼어낸 자리에 유태인들을 집어넣어 거주시켜 관리한 구역이 게토로 전용되었다는 설이다. 세 번째 학설은 '사람들이 모이는 장소' 를 의미하는 이탈리아어 *borghetto*에서 유래하였다는 것이다. 이들 중 어느 학설이 정확한지 알 수 없으나 단어의 유래와 관계없이 유태인 주거지역을 지칭하는 말로 전용되었음은 분명하다.[14]

돌핀Dolfin은 1515년 유태인들을 격리시키기 위해 게토 누보Ghetto Nouvo를 이용하자고 제안하였다. 그의 계획이란 밤에 유태인들을 가둬두기 위하여 하나의 출입구와 가동교drawbridges를 만들어 격리시키자는 것이었다그림 6-8. 세넷은 그의 제안 중에서 격리라는 개념에서는 볼 수 없는 중요한 단서를 찾았다고 주장하였다. 즉 게토에서는 외부의 감시만 존재하였을 뿐 내부의 감시가 존재하지 않았던 것이다. 게토 누보의 외곽 감시자는 경찰과 기독교인들이었으나 내부는 감시하지 않았다. 이는 게토 내부에서의 자율성을 지적한 것이므로 격리의 개념 속에 생태적 의미가 포함되어 있음을 지적한 주장이었다.

게토 누보와 게토 베치오Ghetto Vecchio는 도시의 교회와 제단에서 멀리 떨어진 베네치아의 오래된 주물공장이 위치한 구역이었다. 이들 두 게토는 다리를 폐쇄하면 다른 지역과의 연결을 봉쇄할 수 있는 곳이었다. 게토 누보에 유태인들이 거주하기 시작하면서 베네치아 시 당국은 운하를 따라 가파른 제방을 쌓기 시작하였다. 제방은 운하의 유속을 빠르게 하고 도로의 역

그림 6-9. 구글어스로 본 게토 누보: 운하로 둘러싸여 있어 외부로부터 고립되어 있다.

할을 하였다. 물과 육지water-and land 형태를 띤 베네치아의 경관을 '폰다망 뜨fondamente' 라고 부른다. 이들 두 게토는 도시 내부의 지리적–경제적 섬이 었으나 개발의 대상은 아니었다.

돌핀의 제안은 1516년 실행에 옮겨졌다. 유태인들은 모두 이 구역으로 이주 당했다. 그러나 1492년 스페인으로부터 추방당한 유태인들과 아드리아 해로부터 베네치아를 왕래했던 레반트계 유태인들Levantine Jews은 게토 누보가 아닌 다른 구역에서 집단 거주하였다. 게토 누보에 거주하는 유태인들은 해상무역에 참여하여 더 큰 경제적 안정을 누릴 수 있었다. 유태인 주거지역의 경관은 그들이 원래 살았던 스페인과 두브로브니크Dubrovnik의 그것과는 달랐다. 1516년 독일–폴란드계 유태인Ashkenazim 약 700명이 처음으로 게토에 강제적으로 이주 당하였는데, 게토 누보는 점차 동쪽 운하 건너편으로 확대되었다. 그 당시 'ghetto'는 잠시 동안 'getto'로 쓰였다.

그림 6-10. 게토의 출입구

　이것이 유태인 격리의 첫 번째 단계였다. 두 번째 단계에서는 1541년 낡은 주물공장 구역인 베치오로 게토가 확장되었다. 이곳 역시 주물공장으로 이용되던 공간이었다. 그 당시의 베네치아인들은 재정적 어려움을 겪고 있었고, 다른 도시에 비해 높은 관세로 인하여 베네치아 무역은 점차 쇠퇴하였다. 극동으로 향하는 다른 항로가 발견된 이후, 베네치아 공화국은 오랜 쇠퇴기로 접어들었다. 그리하여 베네치아 당국은 1520년대 관세 장벽을 낮추기로 결정하였다. 그 결과 루마니아와 시리아에서 유입된 대부분의 레반트계 유태인들은 어떤 대가라도 치르면서 오래 체류하게 되었다.

　게토는 유태인의 주거공간으로 변형되었으며, 그 외벽은 봉쇄되고 발코니는 제거되었다. 첫 번째 게토와 달리 두 번째 게토에는 작은 광장과 수많은 좁은 가로들이 있었으며 포장이 전혀 안된 지저분한 잔디밭이 있었다. 그로부터 한 세기가 경과된 1633년, 게토 누보의 서쪽에 세 번째 게토 누비시모Ghetto Nouvissimo가 조성되었다. 이 게토는 이전의 게토와 별다른 차이가 없었고, 성-해자castle-and-moat의 방식으로 벽이 둘러쳐져 있었으며 규모 면에서 작지만 다소 양호한 주택이었다. 이 게토는 게토 누보에 비하여 부유한 유태인들이 거주하였다. 그러나 게토 누비시모는 베네치아 전체의 약 3배 정도로 인구밀도가 높았으며, 이는 다른 게토와 마찬가지로 역병이 발생할 최적의 물리적 조건이었다. 만약 그곳에서 전염병이 발생하면 게토의 출입문은 하루 종일 폐쇄되었다.

베네치아인들은 르네상스 시대 로마의 게토와는 달리 베네치아의 게토에 대하여 아무런 조치도 취하지 않았다. 로마 교황 바오로 4세는 1555년 로마에 게토를 만들기 시작하였다. 로마의 게토는 유태인들을 기독교로 개종시키기 위해 만든 공간이었다. 그러나 게토의 인구 4,000명 중 매년 약 20명의 유태인들만이 개종한 사실은 로마의 게토가 참담한 실패작이었음을 시사하는 것이었다. 또한 로마의 게토는 도시 중심부의 개방된 공간을 차지했다는 점에서 베네치아의 게토와는 구별되는 것이었다. 앞서 언급했던 바와 같이 당시 베네치아가 떠돌이 외국인들이 북적대는 글로벌 도시였던 것에 비하여, 로마는 교황청을 방문하러 온 성직자 · 특사 · 외교관 등의 소수 외국인 뿐이었다.

중세의 로마는 1501년 발렌티노Valentino 공작이 교황 알렉산더 4세와 함께 악명 높은 섹스파티에 참석할 만큼 매우 세속적 사회였다. 베네치아는 항구도시였기 때문에 정치와 매춘이 로마에서와는 다른 방식으로 관련되어 있었다. 도덕적인 교황이 선출되면 고급매춘부들은 궁정에서 추방되었다. 마쓴Masson에 의하면[15] 당시의 고급매춘부courtesan들은 남자들에게 정치적-종교적 세계로부터 잠시나마 벗어날 수 있는 위안을 제공하였다. 그녀들은 상류계층의 여성들을 모방하기 위한 교육을 받았는데 음란했지만 일반 여성들과 똑같이 보이는 언행과 외모를 갖추고 다녔다.

베네치아는 돈을 빌려주는 유태인들을 묵인한 것처럼 도시경제의 일부로 창녀들을 묵인하였다. 매춘산업의 번창에도 불구하고 베네치아 당국은 창녀와 유태인 모두를 일반인과 구별하였다. 그 당시 도시민들은 자신의 지위나 직업을 드러내기 위해 모두 유니폼을 착용했지만, 창녀와 유태인들의 옷은 매우 특별하였다. 베네치아의 유태인들은 이미 1397년에 노란색 뱃지를 달도록 의무화되었다. 그리고 창녀와 포주들은 노란색 스카프를 매라는 명령을 받았다.

18세기에 들어와 베네치아인들은 반 유태정서를 노골화하고 유태인들의 경제활동에 제재를 가하였다. 1714~1718년 기간 중에는 유태인 소유의 선박이 몰수되었고 상점이 폐쇄되기에 이르렀다. 그리하여 1737년 유태인 커뮤니티는 파산하고 말았다. 18세기 말 이후부터 서유럽 여러 나라에서는 프랑스혁명과 당시의 자유주의 운동을 배경으로 한 나폴레옹이 유태인을 해방시켜줌과 동시에 각지의 게토를 폐쇄해 주었다. 1870년경까지 남아 있던 로마의 게토가 법조문에 의거한 최후의 게토였다. 그러나 나폴레옹이 실각한 후, 유태인의 생활에 대한 제한이 재차 가해지게 되었다.

그 후 수많은 유태인들은 유럽을 떠나 미국으로 이주하였다. 이미 미국에는 16세기 이후 일찍이 스페인에서 이민 온 세파르딕*separdic*이라 불리는 유태인들이 거주하고 있었다. 미국의 대도시로 유입된 유태인들은 그들만의 커뮤니티를 조성하였는데 유태인 이외에도 흑인·푸에르토리코인·라틴계 및 아시아계 미국인 등의 이민자들이 혼재하였다. 게토에 대한 시카고학파인 워스의 연구를 계기로 이들 이민자가 밀집된 주거지역을 게토라 부르게 되었다.[16]

서유럽의 게토와 달리 러시아와 동유럽의 게토는 20세기에 이를 때까지 존속하였다. 제2차 세계대전 중에 독일의 나치는 유태인들을 매우 협소한 구역에 집단 거주시키기 위해 동유럽의 게토를 부활시켰다. 그리고 1939년 이후 폴란드 국내의 유태인들을 대도시의 특정지역에 이동시키기 시작하였다. 1940년 10월에는 나치 점령지인 폴란드에 38만 명을 수용하는 최대 규모의 바르샤바 게토가 조성되는 등 수많은 게토가 1940~1941년에 걸쳐 조성되었다. 그들은 1942~1943년에 아우슈비츠 등의 유태인 강제수용소로 이송될 때까지 그곳에 수용되었다. 제2차 세계대전 기간 중 베네치아의 게토에는 1,300명 가량이 거주하고 있었고, 그 중 289명이 나치에 의해 강제로 이주되었다.

게토의 경관

베네치아의 도시경관은 방어를 염두에 둔 대부분의 유럽도시와 달리 개방적인 공공건물과 주택으로 구성되어 있다. 이들의 건축문화는 비잔틴 양식의 영향을 강하게 받아 베네치아풍의 비잔틴 양식Veneto-Byzantine이 성행하였으며, 이것이 이슬람 건축문화와 고딕양식의 영향으로 변형되고 여기에 르네상스 양식과 바로크 양식까지 가미되면서 더욱 다채롭게 전개되었다. 교묘하게 고안된 정치구조 덕분에 귀족계급 간의 정치적 분쟁이 거의 없었으므로 주택은 외부에 대하여 폐쇄적일 이유가 없었다. 그리하여 베네치아의 건물은 밝은 외관과 강렬한 색조와 더불어 많은 창과 개구부로 경쾌한 분위기를 연출하였다. 연속된 아치로 화려하게 장식하여 독특하고 개방적인 모습을 지닌 파사드facade는 베네치아 건축물의 특징이라 할 수 있다.

게토가 집중적으로 입지한 카나레조Cannaregio 운하 일대는 고딕시대에 새롭게 개발된 지역으로서 주택을 지을 재력이 없는 중산층과 서민층이 대운하에 근접하게 모여 거주하는 곳이었다. 특히 카나레조 운하의 뒤편에 넓게 형성된 주거지역에는 서민층이 집단적으로 거주하고 있었다. 포포라노popolano라 불리는 서민층은 베네치아 인구의 90%를 차지하는데, 그들의 대부분은 캄포campo라 불리는 소규모 광장을 중심으로 거주하였다. '캄포' 란 어원상 밭이나 전원을 의미하는데, 광장을 캄포라 부른 이유는 도시형성 초

그림 6-11. 베네치아의 전형적 파사드와 게토 누보의 협소한 이열주택

기에 교회 앞 광장에 수목을 심었기 때문이다. 게토 누보가 조성된 섬 역시 '캄포 게토'라 불리는 이유가 바로 그것이다.

카나레조 운하 일대의 지역은 16세기 이후 고딕시대에 인구밀도가 급격히 높아져 하나의 주택을 여러 가족이 나누어 사용하는 수직적 분화가 일반화되었다그림 6-11. 특히 카나레조 구의 북쪽에 위치한 지역은 세 개의 운하가 동서방향으로 나란히 지나가고 폰다멘타*fondamenta*라 불리는 좁은 하안도로가 운하를 따라 개설되거나 운하와 운하 사이를 연결하는 명쾌한 공간구조를 보여주고 있다. 이런 구조는 운하 근처에 소귀족과 중산층의 주택들이 들어서고 그 후면에는 서민주택들이 배치되어 있으므로 도심부의 그것과는 양상을 달리한다. 이러한 지역적 특성을 갖는 곳에 게토가 조성되었는데, 최초의 게토인 게토 누보는 운하로 둘러싸여 고립된 섬이었다.

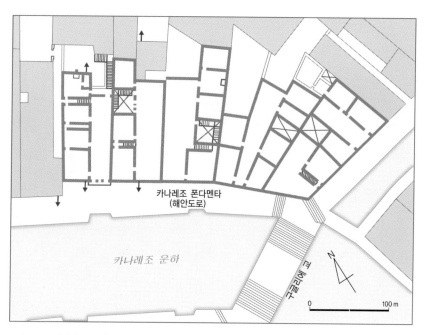

그림 6-12. 카나레조 운하 북쪽의 이열구성 주택

그림 6-12는 게토 베치오 남쪽의 카나레조 운하에 면한 주거지역의 경관이다. 운하를 따라 조성된 카나레조 폰다멘타를 따라 주택들이 조밀하게 분포하고 있다. 이들 주택은 대지의 폭이 협소하므로 삼열구성 대신에 이열구성二列構成으로 건설되었다. 삼열구성의 가옥구조는 운하에 면하여 3열로 구분한 주택인데, 이열구성과 달리 넓은 대지에 지을 수 있는 귀족층이나 중산층 주택이 이에 해당한다. 13세기 이전까지는 당시의 건축기술로는 수량이 많은 대운하 연변에 건물을 건설하기가 용이하지 않았다. 오히려 섬 내부의 소운하 주변이 주택입지로 더 선호되었다. 그러므로 카나레조 구 일대의 주택은 15세기 말에 지어진 낡은 주택이 많았다.

건물의 외관은 게토로 지정되면서 화려한 장식과 파사드가 철거되고, 개방적인 구조는 폐쇄적 형태로 변경되었다. 계속되는 유태인의 유입으로 게토의 건물은 입체화되고 고밀화되어 위생상태가 악화되기 시작하였다. 17세기에 게토는 인구규모로는 절정기였으나 이미 슬럼화되기 시작한 것이다. 미국도시에서 게토가 슬럼으로 인식된 것은 이 시기로 거슬러 올라갈 수 있다.

게토의 생태학

돌핀의 제안으로 조성된 게토 안의 유태인들은 격리된 고립의 대가로 그들만의 폐쇄된 공간에서 육체적 안전을 확보할 수 있었다. 또한 베네치아에서는 향신료 경제가 게토의 독특한 문화를 형성하게 했다. 중세 후반부터 전통적으로 유태인들은 아침에 공부하고 종교 학습을 했는데 호러위츠Horowitz에 의하면[17] 도시에서 쉽게 구할 수 있는 커피의 출현은 그들의 오래된 관습을 바꿔놓았다. 그들은 게토에 갇혀 있는 밤에 깨어 있기 위한 자극제로서 커피를 마셨다. 즉 커피는 유태인에게 공간적 격리를 특정한 방식으로 이용할 수 있는 수단으로 받아들여진 것이다.

격리는 역설적으로 억압된 사회를 보호하고 결합하였다. 또한 격리는 억압받는 사람들을 새로운 방식으로 내부로 향하게 만들었다. 유태인들은 일상생활에서 기독교인들에 대하여 무관심하였다. 르네상스 유태인 중 '유태인의 삶 *The life of Judah*'을 저술한 모데나Modena1571~1648는 유태인들이 가장 혐오하는 노름꾼이었다. 그는 19세에 베네치아로 흘러들어와 율법학자가 되는 데 20년이나 걸리는 불안정한 생활을 하였다. 여러 지역을 여행하면서 많은 저서를 남겼지만 불안감을 느꼈다.

방황하던 모데나는 베네치아 게토의 폐쇄된 공간에 들어섬으로써 오히려 평온을 느꼈다고 술회하였다. 그의 지적 능력과 저술 덕분에 모데나는 유럽 전역에 걸쳐 유명해졌다. 기독교인들은 그의 설교를 듣기 위해 게토로 들어오기 시작하였다. 그는 게토가 주는 보호에 감사하였고 유태인 활동을 게토 내부로 한정하는 것에 긍정하였으며, 자신과 같은 노력을 통하여 유태인들이 짊어진 억압을 완화할 수 있다고 생각하였다. 세넷은 모데나를 '정체성의 지리학geography of identity'의 대표적 인물로 언급하였다. 모데나는 1629~1631년 페스트가 베네치아를 휩쓸었을 때 암울한 현실에 좌절감을 맛보아야만 하였다. 유태인들은 더 위생적인 곳으로 그들의 거처를 옮기고 싶었으나 실패하였다.

1630년대 게토는 유태인에 관한 뜬소문이 난무하였다. 유태인의 육체는 이전부터 은폐된 것으로 여겨졌다. 특히 할례는 르네상스 시기까지 이방인들에게 숨겼던 유태인들의 은밀한 관행이었다. 길엄에 따르면 중세 말기의 여러 작가들은 유태인들이 거세를 하여 남성을 제거하여 여성화함으로써 그들의 정체성을 찾고, 심지어 유태인 남자들이 월경을 하는 것으로 묘사하기도 하였다고 한다.

유태인의 은밀함에 대한 환상은 1636년 베네치아에서 도난당한 장물을 게토에 거주하는 유태인이 숨겼을 때 극에 달하였다. 기독교인들은 유태인 모두를 싸잡아 비난하면서 학살하였다. 기독교인들이 모든 유태인들을 저주했던 이유는 모든 종류의 범죄가 게토에서 은폐되고 있는 것으로 생각했기 때문이었다. 그 예로, 기독교인들은 유태인들이 우물에 독약을 풀었다는 뜬소문을 믿었을 정도였다. 당시 베네치아 시민들은 바닷물을 마실 수 없었기 때문에 우물의 중요성은 두말할 필요가 없을 정도였다. 우물은 공동생활의 중심이었고 지역공동체의 강한 결속력과 상부상조의 공동생활을 유도하는 역할을 하였기 때문이다.

베네치아의 부유층들은 그들의 저택 중앙에 우물을 설치하여 전용으로

그림 6-13. 게토 누보의 공동우물

사용했지만, 서민층들은 대부분 교구 중앙에 있는 광장의 우물을 사용하였다그림 6-13. 유태인들은 1703년까지 그들의 게토에 설치된 우물만을 이용하도록 제한되었다. 이와 같은 뜬소문은 기독교도들이 게토로 들어가 성서와 성물聖物을 불태우고 훔치게 만들었다. 유태인들은 마치 도살장에 갇힌 짐승들처럼 공격당하였다. 유태인 집단의 정체성은 그들을 억압하는 기독교인들에 의해 좌우되었다. 정체성의 지리학은 이방인이 비현실적 존재로 유태인을 인식함을 의미하는 것이었다.

오늘날 미국의 게토는 흑인을 중심으로 하는 소수민족의 주거지를 지칭한다. 이 게토는 도심과 기성시가지의 흑인 주거비율이 높은 지역으로 빈곤과 실업, 열악한 주택이 집중된 슬럼을 형성하고 있다. 이들 미국 대도시의 게토는 중세 유태인 게토와 달리 법률에 근거하여 격리된 것이 아니라 흑인들의 자립과 단결을 위한 자기방어적 조치의 결과로 형성된 미국 독점자본주의의 산물이라 할 수 있다. 그러므로 미국의 게토는 법률적 격리가 아니라 자연발생적인 인간생태학적 격리라 할 수 있다. 미국의 도시에서 게토가 슬럼으로 인식된 것의 그 근원이 중세까지 거슬러 올라갈 수 있음이 본 연구에서 밝혀졌다.

:: 주 해설

1] Muratori, S., 1960, *Studi per una Operante Storia Urbana di Venezia*, Istituto Poligrafico dello Stato, Roma

2] 손세관, 2007, 베네치아: 동서가 공존하는 바다의 도시, 열화당.

3] The Hebrew University & The Jewish National & University Library.

4] Wirth, L., 1938, Urbanism as a way of life, *American Journal Society*, 44, 46-63.

5] Louis, S. 1971. Concepts of "Ghetto," A Geography of Minority Groups. *The Professional Geographer*, 23(1), 1-4.

6] Pirenne, H., 1946, *Medieval Cities*, Princeton University Press, Princeton.

7] Foa, A. 1990, The New and the Old: The Spread of Syphilis, 1494-1530. *In Sex and Gender in Historical Perspective*, (eds.), E. Muir and G. Ruggiero, 29-34. Johns Hopkins University Press, Baltimore.

8] Roberts, J. W., 1984, *City of Sokrates: An Introduction to Classical Athens*, Routledge. London.

9] Pullan, B. S., 1971, *Rich and Poor in Renaissance Venice*, Basil Blackwel, Oxford.

10] Gilman, S. L., 1989, *Sexuality*, John Wiley & Sons, New York.

11] Sennett, R., 1996, *Flesh and Stone: the Body and the City in Western Civilization*, W. W. Norton & Company, New York.

12] 테만차 지도Temanza map란 1780년 건축가 Temanza가 우연히 발견한 것으로 현존하는 베네치아 지도 중 가장 오래된 지도인데, 이 지도는 그 이듬해 출판되어 오늘날까지 전해지고 있다.

13] The Hebrew University & The Jewish National & University Library.

14] 게토는 경우에 따라 'shtetl'이라 불리기도 하였는데, 이는 주로 상업이 아닌 농업에 종사하는 유태인의 주거지를 의미하는 용어이다.

15] Masson, G. tra., 1975, *Courtesans of the Italian Renaissance*, Martin's Press, New York.

16] Wirth, L., 1938, Urbanism as a way of life, *American Journal Society*, 44, 46-63.

17] Horowitz, E., 1988, Coffee, Coffeehouses, and the Nocturnal Rituals of Early Modern Jewry, *Association for Jewish Studies*, 14, 17-46.

지상낙원

두브로브니크

'아드리아 해의 진주' 두브로브니크

    1990년대 초 유고연방의 분열로 독립한 신생국가 크로아티아 남부에 두브로브니크가 위치해 있다. 인구 5만 명의 이 도시는 '아드리아 해의 진주,' '아드리아 해의 여왕'이란 애칭이 붙은 아드리아 해海 최대의 성곽도시이다. 영국의 극작가 조지 버나드 쇼G. Bernard Shaw는 "지상의 천국을 보려거든 두브로브니크로 가라."라고 예찬할 만큼 감탄을 자아내게 하는 도시로 크로아티아의 두브로브니크를 꼽았다. 그리고 이곳은 유럽인들에게조차 가장 가고 싶은 여행지 1순위로 손꼽히는 관광지이기도 하다. 15~16세기에 가장 번창했던 이 도시의 구시가지는 길이 약 2km, 높이 23~25m, 두께 1~6m의 석회암 성벽으로 둘러싸여 중세 성곽도시의 경관이 잘 보존되어 있어 1979년 유네스코 문화유산으로 등재된 바 있다.

두브로브니크의 관광안내도

두브로브니크는 오늘날 유럽인들에게만 잘 알려진 소규모의 평범한 관광도시에 불과하지만 중세에는 베네치아와 더불어 해양무역도시로서 명성을 떨쳤던 성곽도시였다. 동서무역에서 막대한 재화를 벌어들인 두브로브니크의 상인들은 지중해와 흑해는 물론 영국과 인도까지 그들의 교역권을 넓혀 나아갔다. 이 도시는 오스만 제국과 베네치아 간의 패권다툼을 교묘하게 피하는 외교력을 발휘하여 오랜 기간 동안 공화국으로서 독립을 유지한 역사를 지니고 있다.

여기서는 두브로브니크가 지중해 세력과 슬라브 세력, 기독교 문화와 이슬람 문화라는 남북과 동서의 요충지로서의 지정학적 비교우위를 살려 남북·동서무역에서 막대한 재화를 벌어들여 부를 축적하게 된 배경과 쇠퇴요인을 분석한다. 그리고 나아가 이 도시의 기원과 성쇠과정을 고찰하는 데 목적이 있다. 특히 본 연구지역의 문명발달 요인을 지절률과 관련지어 지리학적 맥락에서 고찰해 보기로 한다. 이를 위하여 저자는 고지도 및 위성사진 분석과 문헌조사 및 현지답사를 병행하였다. 현지답사는 2007년 6월과 2008년 7월의 2회에 걸쳐 실시되었다.

라구시움의 기원과 성장

두브로브니크 초기의 역사에 관한 문헌은 10~11세기 비잔티움 황제이며 역사가인 콘스탄티노스 포르피로게네토스Constantinos Porphyrogenetos의 기록에서 찾아볼 수 있다. 그의 기록에 의하면, 7세기 초에 두브로브니크 남쪽 약 25km에 위치한 에피타우르스로부터 도망쳐 나온 난민들이 안전지대인 라우스로 유입되면서 어촌을 형성하였다. 스터드Stuard에 따르면[1] 이곳은 바다에 돌출된 견고한 암반의 섬으로 이루어져 있어 라틴어로는 라우스

Raus 혹은 라구시움Ragusium, 1018년부터는 이탈리어어로 라구사Ragusa라 불렸다. 이들 지명은 모두 영어의 암석을 뜻하는 'rock'와 동일한 어원을 갖는다.

대부분 로마인 출신으로 구성된 이주민들은 슬라브족과 이웃하여 살 수밖에 없게 되었다. 그러나 최근 고고학적 발굴조사에 따르면, 에피타우르스로부터 피난 온 도망자들이 정착한 암반에는 그들이 이주해 오기 훨씬 전부터 사람이 거주하고 있었다는 사실이 밝혀졌다. 라구시움라우스으로 피신해 들어온 도망자들은 비잔티움 제국의 성채를 발견하고 몰려들었을 것이다. 이 성채는 아드리아 해상의 선박들을 감시하기 위해 축조된 것이었다.

라구시움에 정착한 그들은 11세기까지 '라구사인'이라 불렸다. 그들은 비좁은 암반 위에서 생활을 영위할 수 없었고 식량과 생활필수품을 조달하기 위해서 슬라브족과 이웃이 되어 교류를 해야만 하였다. 처음 7세기 전반에는 경사가 완만한 섬의 남쪽 카스텔룸이라 불리는 높은 지대에 요새를 건설하였다. 슬라브족은 라구시움에 거주하는 라구사 사람들에게 토지경작을 흔쾌히 허락하는 대신 세금을 요구하였다. 그리하여 라구사인들은 슬라브족 소유의 토지에 포도밭을 경작할 수 있게 되었다. 그들은 9세기 후반부터 오스만 터키가 들어올 때까지 수세기에 걸쳐 세르비아족과 보스니아족의 영토를 배후지로 삼을 수 있었다고 클레키치Krekić는 주장하였다.[2]

두브로브니크의 기원이 밝혀진 것은 1979년에 발생한 지진으로 파괴된 대성당의 발굴과정에서 비잔틴 양식의 특징이 발견되면서부터의 일이다. 이곳에 성당이 건설된 것은 단지 종교적 이유 때문만이 아니라 성채를 지키기 위한 수비대의 근거지이기도 하였기 때문이다. 10세기 초부터 이 일대에 대한 광역적인 발굴조사가 시작되어 고대 그리스 시대의 항구는 중세 이후의 현재 위치보다 약간 서쪽에 위치했었음이 밝혀졌다. 이런 사실로부터 항구 주변은 크고 작은 취락이 시장촌市場村을 형성하고 있었던 것으로 추정

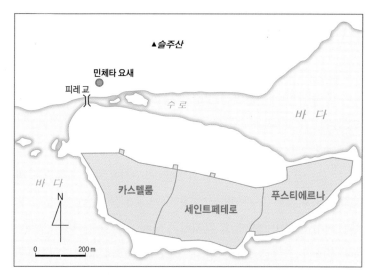

그림 7-1. 초기 라구시움의 발전단계

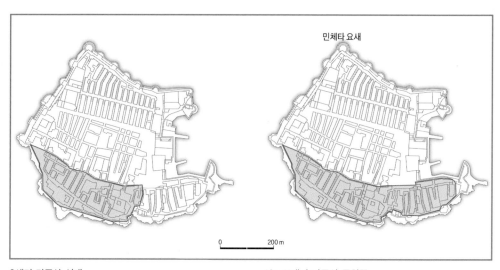

9세기 라구사 시대   10~11세기 라구사 공화국

그림 7-2. 두브로브니크 시가지의 발전단계: 9세기와 11세기

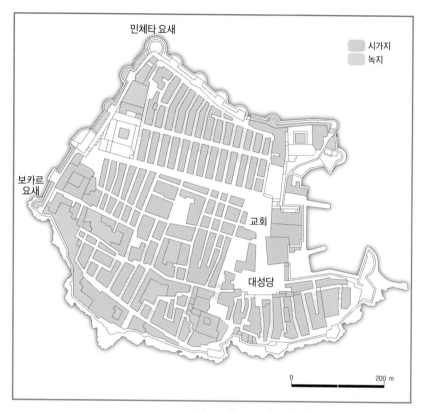

민체타 요새

보카르
요새

교회

대성당

시가지
녹지

0   200 m

그림 7-3. 두브로브니크 시가지의 발전단계: 15세기-현재

된다.

7세기 이후 취락의 지속적인 성장으로 시가지가 평면적으로 확대됨에 따라 슬라브족에 대한 방어의 필요성을 느끼게 되었다. 최초의 성벽은 카스텔룸 구區에 목조와 자연석으로 축조되었으나, 뒤이어 그 남쪽의 세인트 페테로 구로 확대되었다그림 7-2. 페테로 역시 돌과 나무를 쌓아올린 성벽이었다. 시설의 확충과 인구의 유입은 시가지의 확장을 필요로 하였다.

높은 암반 위의 두 구에 이어 푸스티에르나 구가 추가되어 라구시움 3구 전체가 성벽으로 둘러싸이게 된 것은 9세기 중엽 이전의 일이다. 앞서 말했듯 카스텔룸과 세인트 페테로의 두 구는 블록 간 도로가 불규칙한 데 비하여 평지인 푸스티에르나는 후술하는 것처럼 비교적 계획적임을 알 수 있다. 당시 작은 섬이었던 라구사는 해자 역할을 하던 수로를 필레 교로 육지와 연결하였고 민체타 요새를 건설하였다.

12세기를 거치면서 라구시움은 슬라브족의 유입과 교역증대로 성장을 지속하여 시가지는 수로와 북서쪽의 바다를 매립하면서 확대되었다. 이로부터 라구사 시대의 라구시움은 두브로브니크라 불리기 시작하였으며, 시가지 중앙에 스트라둔 거리가 조성된 것은 12세기 후반의 일이다. 이 무렵 라구시움의 성곽 내부는 세인트브라호 구 · 세인트마리아 구 · 세인트니코라스 구가 신설되어 총 6개 구로 늘어났다. 그리고 13세기에 이르러 본격적인

그림 7-4. 스트라둔 거리: 대리석 보도블록이 깔린 두브로브니크의 메인 스트리트

석축성곽으로 바뀌어 갔다. 시간이 경과함에 따라 두브로브니크는 발칸반도 내륙부로 통하는 대상로隊商路의 거점이 됨과 동시에 후술하는 이탈리아 항구도시들과 동지중해인 레반트지방과의 해상교통로의 거점이 되었다.

9세기 중엽에 이르러 라구시움은 성곽도시가 되어 아드리아 해안에서 전략적으로 중요한 요새도시로서의 지위를 획득하게 되었다. 이 요새는 866~867년에 걸쳐 아랍인사라센 군대의 포위를 15개월간 견디고 물리칠 만큼 견고한 것이었다. 869년경에는 라구시움의 함대가 아드리아 해를 실효적으로 지배하고 있었는데, 이는 당시 베네치아 함대가 약세를 보였던 시기에 해당한다. 프랑크 왕국의 파리가 아랍인에 의해 점령당했을 때에는 콘스탄티노플로부터의 명령에 따라 크로아티아인과 슬라브족 부대를 파병하기 위해 라구시움의 선박이 이용되었고, 이 시기에 라구시움의 성벽은 더욱 견고하게 강화되었다.

1082년 비잔틴 황제 알렉시오스 1세 콤네소스Alexivs Comnenvs는 베네치아에 광범위한 특전을 부여하였는데, 그 중 상업상 특전은 베네치아의 경제팽창과 동지중해에서 식민지제국이 되는 것의 기초가 되었다. 베네치아의 세력 확장은 두브로브니크의 역사에 중대한 영향을 미쳤다. 1081~1085년에 걸쳐 벌어진 전쟁에서 라구사인들은 비잔티움과 베네치아 연합군에 반기를 들고 북유럽 세력인 노르만 왕조Norman dynasty 편에 가담하였다. 이는 라구시움의 정치사상이 독립성을 확보하고 있었음을 시사하는 것이다. 라구시움이 종주국을 바꾼 것은 단기간이나마 노르만의 패권이 예상되었기 때문이었다.

그 결과, 크로아티아는 비잔틴 황제를 설득하여 베네치아의 영역이었던 달마티아 지방의 여러 도시들을 획득할 수 있게 되었다. 그러나 노르만의 국력이 쇠퇴하자 알렉시오스 1세는 1085년 달마티아 도시들의 지배권을 다시 베네치아에 위탁하였다. 1097년에는 크로아티아군이 헝가리군에게 패배

표 7-1. 라구시움(두브로브니크) 과 무역협정을 체결한 도시

도시명	연도
모르훼타	1148
모노폴리	1201
피사	1169
바리	1201
안코나	1188
테르모리	1203
화노	1199
피세리에	1211

함에 따라 크로아티아와 달마티아 지방은 헝 가리가 지배권을 확보하였다.

11세기를 거치면서 라구시움은 종교적·경 제적으로 힘을 축적해 나갔다. 도시가 성장함 에 따라 주변지역의 슬라브족들이 라구시움 으로 유입되었던 것이다. 12세기의 두브로브 니크라구시움는 노르만의 지배를 벗어나 다시 비잔티움의 보호하에 들어갔다. 그들은 해상 무역과 상업을 상당한 수준까지 끌어올렸을 뿐만 아니라 라구시움은 이탈리아의 도시들과 무역협정을 체결하였다표 7-1. 이들 도시는 모두 항구도시였으므로 교역 파트너로서 기능하기 시작하였 다. 라구사인들은 1192년 비잔티움 황제로부터 자유무역을 허가받았다.

이와는 달리 라구사인들의 배후지는 1186년 세르비아, 1189년 보스니아 와의 평화협정을 체결하기 전까지는 발칸 반도의 내륙부 깊숙한 지역까지 미치지 못하였다. 당시 발칸반도의 내륙부는 라구사인에게 매력적인 지역 이 아니었다. 비잔티움과 베네치아는 라구시움의 전략적 가치와 지리적 중 요성을 숙지하고 있었다. 특히 비잔티움은 라구시움 항구를 수중에 넣으면 아드리아 해 동안東岸을 항행하는 모든 선박, 그 가운데 베네치아의 선박을 통제할 수 있다는 사실을 잘 알고 있었다.

민족대이동기를 거쳐 슬라브인들이 중세에 자신들의 국가를 건설하게 되 자 비잔티움은 달마티아 배후지에서의 육로지배권을 상실하였다. 달마티아 는 오스만 제국이 서쪽의 기독교 세계를 감시할 수 있는 최고의 전략적 위 치에 놓여 있었다. 한편 베네치아는 경제발전을 거듭하고 있는 크로아티아 가 지중해 연안의 해상교역 강국이 될 것을 예상하고 있었으므로 라구시움 의 경제발전을 저지하기 위해 그 항구를 지배하에 두려고 전력을 기울였다.

도시 내부에서도 경제·사회적 진전을 보여주는 몇몇 과정이 나타나기 시작하였다. 타국 간의 교역이 증진됨에 따라 라구시움의 발전속도가 빨라지긴 하였으나, 스터드의 연구에 의하면[3] 12세기의 두브로브니크는 축적된 부가 각계각층에 골고루 분배되지 않았다. 도시정치에서 중요한 역할을 담당하는 상류층이 서서히 출현한 것이다.

도시의 발전이 본격화함에 따라 하나의 명확한 신분개념의 조짐이 나타났는데, 그것은 1181년 처음으로 '라구시움 코뮌'이라는 명칭이 언급되기 시작한 것이다. 라구시움은 대부분의 이탈리아 및 서유럽 도시들이 채택한 것과 같은 귀족지배의 도시국가로 발전하고 있었다. '코뮌'의 조직은 씨족적·혈연적 사회가 탈색되고 시민의식이 형성되기 시작했음을 의미하는 것이다. 이는 구시가지의 상인 주거지역인 비크wik와 신시가지의 그것인 노부스 부르크novus burgus가 기능적으로 통합된 도시의 형성을 의미하는 것으로 해석되어야 할 것이다.

중세도시는 무엇보다 상공업에 종사하는 시민의 집단이므로 결코 고대도시와 같은 소비도시가 아니었다. 막스 베버M. Weber가 지적한 것처럼[4] 중세도시에는 처음으로 경제인ecomic man, 즉 '호모 에코노믹스'라 불리는 유형의 부류가 소규모로 도시 내부에 발생하기 시작한 것이다. 이점이 사회구성의 측면에서 본 고대도시와 중세도시의 근본적 차이점이라고 할 수 있다.

12세기에 두브로브니크의 역사에서 도출할 수 있는 가장 중요한 결론은 이 도시가 처음으로 동서교류의 가운데에서 일종의 역할을 담당하기 시작하였다는 사실일 것이다. 한쪽으로는 이탈리아 도시들과의 상업협정을 통하여, 또 한편으로는 비잔티움·세르비아·보스니아로부터 얻은 특전과 이들과 맺은 협정에 의해 두브로브니크는 두 지역 간의 가교역할을 담당한 접촉점이자 결절점으로 부상한 것이다.

그러다 13세기에 이르러 지중해 세계의 균형이 깨지는 사건이 발생하였다. 베네치아가 1204년 보스포루스 해협에 있는 비잔티움 제국을 멸망시키고 달마티아 지방을 수중에 넣어 식민제국을 건설한 것이다. 베네치아는 유럽 최강국의 하나로서, 나아가 지중해 최강국으로 새로운 지위를 획득하였다. 이에 따라 두브로브니크는 1205년 베네치아에 복속되고 말았다. 그러나 라구사인들은 그들의 독립적 전통을 지키기 위하여 베네치아에 연공年貢의 지불도 마다하지 않았다. 왜냐하면 중세의 라구사인은 자신들의 코뮌 조직과 자치를 저해하고 정복욕을 가진 슬라브 국가에 대하여 적대적인 태도를 취할 수밖에 없었기 때문이다. 두브로브니크는 베네치아의 교역상 거점이며 베네치아 함대의 중요한 기지였다. 그런 이유로 두브로브니크는 베네치아 군대의 점령 없이 어느 정도의 독립을 유지할 수 있게 되었다.

두브로브니크의 번영

이미 언급한 것처럼 12세기에 접어들어서는 본 도시의 고대명칭인 라구시움은 무의미해졌고 1189년부터 두브로브니크라 부르게 되었다. 1358년 크로아티아 · 헝가리 왕의 보호하에 두브로브니크는 독립과 자유를 획득하여 독립국 자격인 왕령王領 자유도시가 되었다. 이는 비잔티움과 베네치아 양국의 완충적 역할을 담당하는 역학관계의 산물이었다고 해석된다. 베네치아는 1205~1358년 동안 두브로브니크를 통치하면서 경제적 압력을 가하는 한편, 두브로브니크 함대의 약체화를 꾀하여 지중해의 패권을 지속해 나아갔다. 이에 비하여 비잔티움의 경우는 두브로브니크의 산업 · 해운 · 교역에 대하여 어떤 제재도 가하지 않으면서 특권적 지위를 보장해 주었다.

라구사인이 발칸 반도의 광산 중개인으로 활약하여 취득한 이윤은 막대하여 도시 건설과 문화발전에 투자할 수 있었다. 두브로브니크의 교역상품

그림 7-5. 민체타에서 조망한 두브로브니크 시가지

중 수출은 소금 · 도자기류 등이었고, 수입은 광산물 · 곡물 · 가축 · 농산물 등의 원자재였다. 원자재의 수입은 두브로브니크 경제에 있어서 사활을 건 중요 물품이었으며, 이로써 시민생활의 수요를 충당함과 동시에 제3국으로 재수출하여 이익을 거둘 수 있었다. 두브로브니크의 교역과 경제는 이미 13세기부터 운영의 노하우를 축적하여 15~16세기가 되어서는 더욱 확고한 기반을 다지게 되었다.

두브로브니크의 상인과 사업가들은 부존자원의 결핍으로 외국과의 교역 면에서 그들의 상술을 최대한 발휘하였다. 그들은 이탈리아 · 스페인 등지에서 원자재를 수입하여 가공무역으로 많은 재화를 축적할 수 있었다. 일반적으로 중세 유럽도시의 경제적 특색을 보면 폐쇄적 자급자족권을 가지면서도 개방성을 띠는 양면성이 있다. 그러나 이러한 양면성은 상업자본이라 일컬어지는 이윤성利潤性에서 알프스를 중심으로 하는 북유럽과 남유럽에 근본적 차이가 나타나듯이, 두브로브니크의 상업은 많은 수익을 거둘 수 있었다.

13세기 후반, 두브로브니크의 새로운 성벽을 완성하는 데에는 약 30년이 소요되었다. 성곽 내의 발전 속도가 빨라지고 도시공간이 넓어짐에 따라 정부의 주도하에 도시계획의 필요성이 제기되었다. 1272년에 제정된 도시법 city act에는 도로계획에 관한 내용이 대부분을 차지하고 있다. 주목할 만한 점은 새로운 시가지의 도로가 카스텔룸으로부터 푸스티에르나에 이르는 12세기까지 조성된 부분을 제외하면 그 도로망이 모두 격자형 패턴으로 조성되었다는 사실이다. 실제로 직선의 격자형 도로망은 13세기 도로망 계획에서 비롯되었던 것으로 추정된다.

시가지의 확대로 새로운 중심지는 성곽 구시가지 남쪽의 스트로스마예로바Strossmayjerova로부터 과거 수로였던 북쪽의 스트라둔Stradun으로 옮겨졌다. 모든 도로는 메인 스트리트이며 플라자Plaza인 스트라둔 로路와 직각을 이루게 설계되었다. 1272년의 도시법은 남북방향으로 달리는 도로의 폭을 2.3m로 정하였으나, 1296년에 개정된 도로법에는 2.6m로 넓혔다. 이와 같은 법조항은 모두 쾌적한 생활을 위해 풍향을 고려하여 정해진 것이었다. 이외에도 도시법에서는 전염병 환자를 도시 외곽으로 격리시키는 조항도 포함되어 있었다.

이전부터 이미 수세기에 걸쳐 베네치아 통치하에 있었던 달마티아 지방에 거주하는 크로아티아인들과의 관계는 14세기를 통하여 우호적이게 되었고, 주변지역으로부터 크로아티아인이 달마티아로 유입되었다. 그들의 비율은 농촌뿐만 아니라 도시인구의 대부분을 차지하게 되었다. 이와 마찬가지로 두브로브니크 역시 달마티아의 도시들과 지속적인 관계를 유지하였다. 두브로브니크로 유입되던 신규전입자들은 슬라브어를 사용하는 세르비

아 · 보스니아 · 달마티아인이 하나의 그룹을 이루었고, 또 다른 그룹은 다
양한 언어를 사용하는 비슬라브족 그룹이었다. 슬라브족은 과거 수로의 북
쪽이었던 경사면에 집중적으로 거주하였다. 비슬라브족은 베네치아를 포함
한 이탈리아인이 가장 많았다.

14세기 혹은 15세기의 두브로브니크에는 이탈리아인 외에도 영국인 · 그
리스인 · 알바니아인 등이 거주하고 있었고, 14세기 후반부터 15세기에 걸
쳐서는 프랑스인과 유태인들도 섞여 있었다. 특히 이 도시에 유입된 유태인
은 기독교로 개종한 사람들이었다. 그들은 14세기 중엽부터 도시의 동쪽에
'쥬딧카' 라 불리는 유태인 주거지역을 형성하였으나 그 규모와 거주기간은
불분명하다. 15세기 초에는 프랑스와 이탈리아 남부에서 추방된 유태인들
이 이 도시로 유입되었다. 이들 이방인들은 뛰어난 상술과 기술, 항해술을
습득한 사람들이었으므로 두브로브니크 경제에 중요한 역할을 담당하게 되
었다.

그림 7-6. 쥬딧카의 유태인 박물관과 수녀원 약국

외국인 중에는 의사 · 공증인 · 약제사 · 조선공 · 건축가 등의 전문분야 종사자가 다수 포함되어 있었고, 그들의 영향력은 두브로브니크뿐만 아니라 발칸 반도 전역에까지 미쳤다. 이 도시가 장기적으로 발전하기 위해서는 인적 자원이 필수적인데, 그 역할을 발칸제국과 달마티아로부터 유입된 슬라브족이 담당하였던 것이다. 10세기부터 지속된 이러한 슬라브족의 이주는 두브로브니크를 슬라브화한 주요 요인이 되었다.

14세기 전반 두브로브니크의 내적 발전은 몇몇 가문에 의해 주도되었다. 특히, 로마의 후손임을 강조하는 라구사 귀족의 출현은 정치적 활동체로서 1332년 이후 계속되었다. 클레키치1972의 연구에 의하면, 당시 14세기 말엽 귀족의 가족 수는 78세대이던 것이 15세기 중엽에 이르러서는 33세대로 감소하였다고 한다. 그러나 이는 성인남자를 기준으로 추정한 수치일 뿐이며, 절대적인 수는 오히려 증가하였다.

젤라비치Jelavich[5]의 연구 결과, 두브로브니크의 귀족은 베네치아의 귀족이 그랬던 것처럼 지주귀족인 서유럽의 봉건귀족과는 의미가 달라 동족결혼도 성행하였다. 물론 귀족보다 농민의 수가 훨씬 많았으며, 농민의 지위는 시대에 따라 또는 지역에 따라 상이하였다. 초기 귀족층은 카스텔룸에 집중적으로 거주하였으나 세인트 페테로와 푸스티에르나까지 확장되었다. 일부 지역에서는 주로 노예의 노동력으로 농지를 경작하였으나, 노예제도는 13세기에 이르러 완전히 소멸되었다. 14세기 중엽에 유럽을 강타한 흉년기에도 농노제農奴制가 도입되었으나, 두브로브니크의 농민들은 여전히 자유인이었다.

14세기 중엽, 헝가리와 베네치아 간의 전쟁에서 헝가리가 승리를 거두면서 달마티아 지방의 지배권이 바뀌었다. 그리고 1358년 두 나라 간의 평화조약 체결로 전쟁은 종료되었으나, 이것은 아드리아 해의 전 도시에 커다란 영향을 미쳤다. 즉 달마티아 중부 및 북부의 도시는 대체로 헝가리에 직접

합병되어 총독의 통치를 받게 되었다. 라구사인들은 헝가리에 연공을 지불하는 대가로 귀족계급으로서의 자유를 보장 받았으며, 베네치아로부터 제약받았던 항해권을 회복하여 이교도와의 교역권을 교황청으로부터 얻어낼 수 있었다.

발칸 반도의 상황은 급속히 악화되었다. 그것은 1355년 세르비아 황제 스테판 두샨Stephan Dusan1331~1355의 돌연사와 오스만 제국의 유럽 진출이었다. 두샨 황제는 오스만 제국의 유럽진출에 따른 위험성을 경고한 최초의 유럽인이었다. 14세기 후반 두브로브니크의 주요 무역상대였던 세르비아는 분열되었고 라구사의 상인들은 보스니아와의 접촉을 강화하였다.

두브로브니크는 정치적 안정과 경제적 발전이 두드러짐에 따라 세르비아와 보스니아의 많은 지배자 및 영주와 그 가족의 재산보관소 역할을 하게 되었다. 라구사 상인은 세르비아와 보스니아에 그들의 주거구역을 설치하였는데 그 규모는 15세기경에 작게는 20~30명, 큰 경우는 수백 명이 체류할 정도였다. 당시 라구사인들은 세르비아와 보스니아의 상업업무에서 최첨단의 서유럽 상업기술을 체득하고 있었다. 그들은 발칸 반도의 배후지에 상업조직과 외환수표는 물론 은행업무 등의 진보적 무역술을 전파하였다.

14세기의 두브로브니크는 새로운 번영의 시대를 맞이하였다. 시가지는 현재의 성벽까지 확대되었고 도로에 관한 규칙이 마련되었으며, 성곽을 더욱 견고하게 강화하였다. 더욱이 소총과 대포의 발명으로 성벽을 개량하고 육지와 접한 서문필레 교에 해자를 만들었다그림 7-7. 해자 위의 다리는 유사시 들어 올리게 고안되었고, 성문은 이중으로 설계되었다. 또한 성곽의 동문과 서문에는 도미니크회와 프란체스코회의 수도원이 건설되고 대성당이 완성되었다.

1317년에는 이미 프란체스코회 수도원에 약국이 생겨났고, 1391년 세계 최초로 일반인에게 개방되었다. 이 약국은 유럽 약국 가운데 가장 오래된

그림 7-7. 방어를 위해 고안된 해자의 필레 문과 필레 교

것으로 오늘날에도 영업이 계속되고 있다. 14세기 중반에는 시가지 내에 병원이 설립되고, 1347년에는 실버타운이 개설되었으며, 1377년에는 세계 최초로 검역제도가 실시되었다.

라구사인들은 14세기까지 오랜 기간 손쉽게 지을 수 있는 목조가옥에서

그림 7-8. 서쪽 성벽의 보카르 요새

그림 7-9. 아드리아 해에서 바라본 성곽도시 두브로브니크의 전경

거주하였다. 그러나 목조가옥은 화재에 취약하여 정부에서 석조가옥을 권장하였다. 특히 1406년에 발생한 화재를 계기로 주택법령이 입법되면서 모든 목조가옥을 평가하는 특별위원회가 조직되어 1413년경에는 대부분이 석조건물로 재개발되었다. 특히 스트라둔 로를 중심으로 한 재개발은 두브로브니크의 경관을 바꿔 놓았다. 이들 가옥의 전형적 구조는 1층에 상품창고·가공공장·점포 등을 두고, 2층과 3층에는 침실·거실·부엌 등을 배치한 형태였다. 각 건물은 서로 등진 상태로 배열하고, 그 사이에 수로를 만들었다. 생활쓰레기는 이 수로에 버려져 하수시설로 흘러가도록 설계되었다. 당시의 수로체계는 오늘날에도 기능하고 있다.

건물의 형태는 이탈리아 상류층이 공격과 방어를 위해 고안한 탑상주택 casa torre에 가까운 형태를 취하였다. 이는 독일의 전면박공식gable-fronted이나 스위스·오스트리아 등의 전면처마식eaves-fronted 형태를 취하는 게르만계 주택경관과 구별되는 라틴계 경관임을 뜻하는 것이다. 전면박공식은 가로에 접한 건물 전면의 지붕을 뾰족뾰족하게 급경사를 이루도록 디자인한 게르만계 양식이고, 전면처마식은 주택의 처마선이 평행하게 처리된 양식을 말한다. 그리고 건물 중앙에 정원을 배치하는 중정형 주택은 카스텔룸과 페테로 일부에만 존재하고 나머지 대부분은 세장형 주택으로 구성되어 있다. 그러나 주요 건축물들은 11세기 초엽까지 성행한 로마네스크 및 17~18세기에 유행한 바로크 양식을 비롯하여 14~16세기에 성행한 고딕·르네상스 양식을 취하고 있다.

1418년 두브로브니크는 세계 최초로 노예제를 폐지한 도시국가로 인정받게 되었으며, 1434년에는 고아원을 설치하여 고아와 사생아를 수용하기 시작하였다. 두브로브니크 공화국은 1426년에 취득한 영토를 타국에 빼앗기지 않고 소멸시기인 1808년까지 보유할 수 있었다. 1436년에는 도시의 뒷산인 슬주산에서 흘러내려 오는 물을 이용한 상수도가 정비되었다. 이것을 이

그림 7-10. 상수도원이 된 슬주산

그림 7-11. 구시가지 분수대

용하여 도시 내에 2개의 분수대가 설치되었다.

상수도 물은 모든 가정에 차별 없이 24시간 공급되었다. 이러한 도시기반 시설의 설계자는 대부분 외국에서 초빙한 기술자들이었다. 생활용수를 풍족하게 사용할 수 없었던 중세에는 주민생활이 청결하지 못하여 위생문제를 발생시키는 요인이 되었는데, 두브로브니크는 중세 유럽도시 가운데 가장 청결한 위생적 도시였을 뿐만 아니라 높은 문화수준을 보유한 도시였음이 분명하다.

유럽의 도시에서는 1589년 존 해링턴J. Harington 경에 의해 수세식 변소가 발명되면서 주택에서 위생적 측면이 강조되기 시작하였다. 그렇지만 이 유행은 그리 빨리 확산되지 못하였다. 프랑스와 영국에 위생적 변소가 등장한 것은 18세기의 일로, 베르사이유 궁전에도 변소가 없어 바퀴 달린 휴대용 요강이 사용되었다. 변소에서 쓰이는 화장지가 중국으로부터 도입된 것은 19세기에 들어와서의 일이다. 바로크의 도시는 화려한 외관에도 불구하고 비위생적이었다. 중세의 대중목욕탕은 매독의 감염을 방지하기 위하여 16세기 자취를 감추게 되었다. 목욕탕이 없어진 것은 더운물 값이 오른 탓도 있고 대도시 부근에 연료용 나무가 부족해진 이유도 있었다. 그 후, 목욕탕이 재도입되기도 하였으나 퇴폐적 장소로 변질되었다. 이와 같은 유럽도시의 사정을 감안해 보면 두브로브니크는 위생적 측면에서 월등한 도시였음을 알 수 있다.

이 무렵 현재와 같은 두브로브니크의 성곽이 완성되었는데, 이것은 길이 약 2km, 높이 23~25m, 두께 1~6m의 석회암 성벽으로 둘러친 성곽이었다. 두브로브니크의 인구를 추정하는 일은 불가능하지만, 클레키치에 의하면 15세기 말경의 인구는 약 5,000~6,000명, 공화국 총인구는 약 25,000~30,000명 정도로 추정된다. 이는 배후지의 인구규모가 중심지의 5배임을 시사하는 것으로, 도시는 수공업 제품을 농촌에 팔고 농촌은 원료와 식량의 공급지였음을 뜻하는 것이다. 이것은 중세의 길드조직이 변형되면서 나타난 도시금제권都市禁制圈에 기인한 것이다.

15세기 전반을 통하여 두브로브니크는 발칸 국가들로부터 광물뿐만 아니라 가축·양모·피혁·모피·식량 등을 수입하여 일부를 소비하고, 대부분을 서유럽에 수출하였다. 한편 두브로브니크가 세르비아와 보스니아에 수출한 것은 아드리아 해안에서 채취한 소금과 주로 이탈리아에서 가져온 직물이었다. 15세기는 배후지와의 무역이 큰 폭으로 증가하였기 때문에 두브로브니크가 필요로 하는 직물을 자체적으로 생산하는 조직을 결성하였다. 이탈리아인의 원조를 받은 직물생산이 성공을 거두게 됨에 따라 두브로브니크는 직물생산의 중심지로 부상하였다.

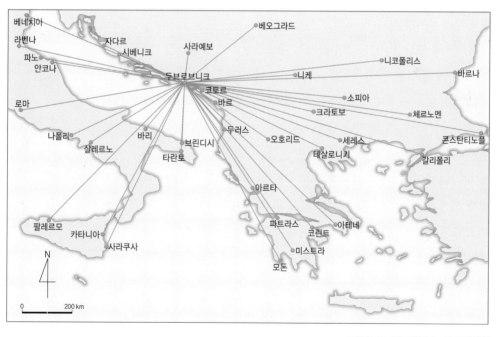

그림 7-12. 두브로브니크의 무역범위

직물사업의 번창은 주변지역에 거주하는 슬라브인의 노동력을 더욱 필요로 하게 되었고, 두브로브니크와 배후지 간의 기능적 관계는 한층 강화되었다. 그들의 무역범위는 그림 7-12에서 보는 바와 같이 이탈리아와 시칠리아 섬을 비롯하여 발칸 반도 전역에 걸쳐 있었다. 라구사인들은 보스니아와 세르비아와의 교류를 강화하면서 유럽의 서부와 동부를 연결하는 역할을 담당하였다. 그러므로 두브로브니크가 유럽의 발전에 공헌하였다는 것은 간과할 수 없는 사실이다.

오스만 제국이 발칸 반도 전역을 점령하였을 때에도 두브로브니크는 오스만 제국 중 유일한 자유국가의 지위를 누렸다. 당시 기독교 서방세계는 이슬람의 오스만 제국에 관한 정보를 두브로브니크를 통하여 입수할 수 있었다. 이것은 동서교류에서 발칸 반도의 지리적 이점이 작용한 결과라고 볼 수 있다. 이리하여 두브로브니크는 15세기 이후 유럽에서 가장 중요한 정치정보의 중심지가 될 수 있었다.

이상에서 고찰한 바와 같이 필자는 두브로브니크가 발전할 수 있었던 배경에 발칸 반도 일대의 지절률sinuosity ratio이 비교적 높다는 사실이 있음을 주목하고 싶다. 구체적으로 아드리아 해를 중심으로 서쪽 이탈리아 반도의 지절률은 낮지만, 동쪽 발칸 반도는 달마티아 제도와 디나르알프스 산맥 및 헝가리 분지로 이어지는 지절률이 매우 높다그림 7-13. 지절률은 수평지절뿐만 아니라 수직지절도 높은 편이다. 특히 베네치아와 두브로브니크를 거쳐 에게 해에 이르는 해안선은 섬이 많고 만입이 복잡하여 문화교류를 촉진할 수 있으며, 경제권간 문명교류는 물론 문화권간·지세권간 문명교류가 활발한 지리적 여건을 갖추고 있다. 여기서 말하는 교류는 농경문화와 어업문화·기독교 문화와 이슬람 문화·대륙문화와 해양문화의 교류를 뜻한다.

발칸 반도의 수직지절은 디나르알프스 산맥·핀도스 산맥·로도피 산맥 등의 장벽 효과로 문화적 이질화를 유발했으며, 수평지절은 문화적 교류를

그림 7-13. 아드리아 해 연안의 수평지절

촉진시키는 요인으로 작용했을 것이다. 구체적으로, 베네치아에서 콘스탄티노플 사이에 분포하는 달마티아 제도를 비롯한 이오니아 제도·키클라데스 제도, 오트란토 해협·다르다 해협 및 아드리아 해·이오니아 해·에게 해 등으로 이루어진 복잡한 육해의 만입은 지절률을 극대화하였고 문화교류를 촉진케 하였다.

그리스와 같이 지절률이 높은 지역은 외적에 대한 두려움이 없는 데 비하여 낮은 지역은 외적에 대한 긴장을 강하게 느낀다. 그 이유는 지절률이 높은 지역이 방어상 유리하기 때문이다. 전통적으로 민족성의 측면에서 그리스는 지성적 성격의 주지주의主知主義를, 로마는 실천적 성격의 주정주의主情主義를 지향하고 있다. 이러한 관점에서 두브로브니크는 지절률이 높음에도 불구하고 양쪽의 특성을 공유하고 있던 것으로 생각된다.

두브로브니크의 쇠퇴

16세기는 두브로브니크가 경제활동과 사회의 발달로 번성기를 누린 시기였다. 라구사 상인들의 눈부신 활약은 이 도시의 지리적 위치가 서방의 기독교 세계를 감시할 수 있는 최적지라는 점에서 오스만 제국의 암묵적 · 시혜적 관계의 덕분이었다고 생각된다. 두브로브니크 공화국의 지속적인 경제 · 정치발전은 16세기 말부터 17세기 후반에 들어서면서 쇠락의 조짐을 보이기 시작하였다. 16세기 말경에는 아메리카 대륙의 발견으로 서유럽의 거대 상선단商船團이 지중해에 등장하였고 오스만 제국이 쇠퇴하였으며, 17세기 후반에는 도시 시설에 타격을 가한 지진의 발생이 있었다. 두브로브니크가 쇠퇴한 결정적 이유는 두 가지로 요약될 수 있을 것 같다.

첫째 이유는 지중해 세계의 전체적인 분위기에서 비롯된 지정학적 측면을 꼽을 수 있다. 1492년 신대륙과 신세계의 존재가 알려지면서 세계교역의 중심이 지중해로부터 대서양으로 옮겨갔다. 이에 따라 영국 · 스페인 · 포르투갈 · 벨기에 · 네덜란드의 함대 간에 치열한 패권다툼이 시작되고 있었다. 세계의 중심은 더 이상 지중해도 아니었고 아드리아 해도 아니었다.

둘째 이유는 그림 7-14에서 보는 것처럼 1451년과 1520년을 필두로 1639년과 1667년에 대지진이 두브로브니크를 엄습하여 도시 시설의 파괴되고 경제기반이 크게 흔들리고 말았다는 것이다. 특히 앨빈Albin에 따르면[6] 1667년의 대지진은 도시기능의 유지에 매우 치명적이었다. 파괴되지 않은

그림 7-14. 두브로브니크 주변지역의 지진 진도와 진앙지 분포(1000~1899)

도시의 건물마저도 화재로 소실되었다. 4천 명 이상의 시민이 희생되었으며, 겨우 2~3천 명 정도가 살아남을 정도였다. 수많은 공공건물과 주택이 파괴되었고 로마네스크 대성당은 물론 보관 중이던 각종 문화재가 소실되었다. 이 재난은 당시 상황이 '달마티아 일대의 두뇌와 심장과 돈지갑이 두브로브니크에 집중되어 있다'라는 상징적 표현으로 묘사될 수 있었던 만큼 치명적이었다.

대지진의 파멸적 참사 후, 두브로브니크 시민들 가운데에는 도시를 포기하고 별도의 장소에 새로운 도시를 건설하려는 움직임도 있었다. 그러나 본래의 위치에 재건하는 것이 좋다는 의견이 지배적이었다. 도시 중심부에 바

그림 7-15. 지진으로 붕괴되기 전의 두브로브니크(1667년)를 묘사한 그림

로크 양식의 대성당을 비롯한 성 부라호 교회 · 프란체스코 수도원 등의 건물이 건설되었다그림 7-16. 유럽의 중세도시에서 교회 건물은 가장 중요한 랜드 마크였다. 그리고 지진 후의 주택은 화재를 막기 위해 모두 석조건물로 대체되었다.

오스트리아와 제휴하여 베네치아의 야망을 꺾은 두브로브니크는 대지진 발생 전의 영광을 회복하는 듯하였다. 발칸 반도 내륙부와의 교역은 감소하였으나, 그 밖의 국가 간의 해운은 완전히 회복하는 데 성공하였다. 이는 두브로브니크 공화국의 줄타기 외교전략에 힘입은 바가 크다. 대부분의 유럽 중세도시는 멈포드Mumford가 지적한 것처럼7 성벽 · 방어탑 · 성문 · 도로 · 광장시장 · 교회 · 수도원 · 주거지역 등이 도시경관의 기본 요소를 이룬다. 두브로브니크 역시 전형적인 중세도시의 경관을 취하고 있으며, 다만 직교형 가로망을 갖추고 있다는 점이 상이할 뿐이었다.

그러나 18세기 말부터 19세기 초에 세계적으로 커다란 사회적 변혁이 일어나고, 유럽과 대서양 그리고 전 세계는 새로운 국제질서를 재편하는 시대로 돌입하게 되었다. 즉 프랑스 혁명의 결과 봉건적인 사회구조가 소멸되고, 새로운 계층인 부르주아가 새로운 생산체계를 구축하여 이익 배분에 변화가 생겼으며 정부조직도 바뀌었다. 1806년 두브로브니크 공화국은 부패한 일부 귀족들의 주장에 따라 프랑스 군대가 러시아 군대와 전쟁을 하기 위해 자국의 영내 통과를 하는 것을 허락하면서 주권을 거의 상실하게 되었다. 중세 말에 접어들면서 도시민은 진취적인 상인과 농민계급이 하나가 되어 근세 경제를 추진하는 원동력이 되었으나, 두브로브니크의 경우는 상황이 달랐다. 1808년 1월 31일, 프랑스 군문에 편입되어 간신히 연명하던 공화국은 프랑스 군대의 지휘관 명령에 의거 소멸되고 말았다. 또한 간과할 수 없는 것은 당시 미국의 국력이 멀지 않아 세계 최강국이 될 것이라는 전망을 보수적인 귀족층들이 외면하여 미국과의 통상협정을 맺지 못한 점도

두브로브니크의 장래를 담보 받지 못한 이유 중 하나였다. 나폴레옹 군단은 유럽을 석권하면서 정복지에 새로운 세력권의 지평을 넓혀 나아갔다.

강대국 간의 지정학적 패권다툼 속에서 작은 도시국가의 독립과 자유에 관심을 기울이는 사람은 아무도 없었다. 두브로브니크는 해운과 경제적 측면에서 고립되고, 군사·재정적 측면에서도 약화되었다. 두브로브니크에 대한 프랑스의 지배는 나폴레옹이 실각할 때까지 지속되었다. 빈 국제회의 1815의 결과에 따라 외교와 교역의 달인이었던 두브로브니크는 오스트리아 제국에 편입되면서 문명세계에서 사라져 버렸다. 더 이상 두브로브니크는 서구 세계에서 정치·경제·문화활동의 주류가 아니었다. 다만 두브로브니크가 오스트리아제국에 편입된 후에도 과거의 독립정신은 명맥을 이어 1918년 신생국 유고슬라비아 연방에 병합되기까지 그리고 1991년 크로아티아 공화국이 탄생하기까지 지속되었다.

그림 7-17. 두브로브니크의 열병식 재현 모습

    제1차 세계대전에서 오스트리아가 패배하자 두브로브니크는 크로아티아의 여러 지방과 함께 유고슬라비아의 통치를 받게 되었다. 1991~1992년 간의 이른바 해방전쟁 후, 두브로브니크는 독립적이고 민주적인 국민국가인 크로아티아 공화국에 귀속되었다. 천년이 넘는 장구한 역사동안 슬라브인들에 지배되었던 지중해의 역사에서 걸출한 지위를 차지하였던 두브로브니크는 수세기에 걸쳐 빛나는 역사를 창출한 생명력을 보였고 위대한 재능을 가진 인물을 배출하였으며, 현재에도 크로아티아가 소유한 가장 값진 보물일 것이다.

    1991년부터 발발한 유고슬라비아 전쟁은 14만 명이 넘는 사망자가 발생하면서 2000년까지 10년간 지속되었다. 처음에 슬로베니아와 크로아티아가 유고연방 이탈을 선언한 후, 이를 저지한다는 목적으로 전쟁이 시작되었

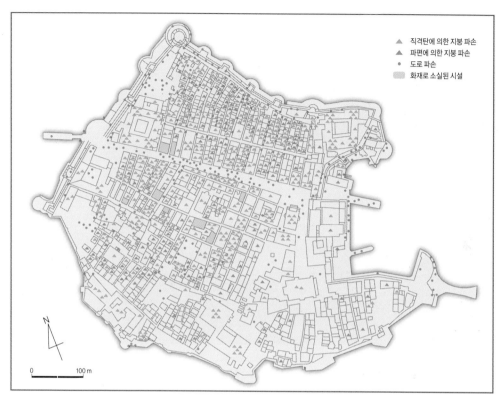

그림 7-18. 유고슬라비아 내전으로 발생한 두브로브니크의 피해상황

지만 점차 민족 분규의 성격이 강해졌다. 그리하여 세르비아 민족주의와 크로아티아 민족주의의 대결 양상을 띠었다. 이 전쟁의 와중에 유네스코 세계문화유산으로 등재된 두브로브니크 구시가지는 막대한 피해를 입었다. 그림 7-18에서 보는 바와 같이 구시가지의 남쪽보다 북쪽의 피해가 집중적으로 많았다.

1993년 유고연방의 해체과정에서 독립을 요구하는 보스니아와 크로아티아 등을 상대로 세르비아군의 학살사건인 보스니아 내전이 발생하였다. 그와중에 가톨릭을 믿는 크로아티아인과 이슬람교를 믿는 보스니아인 사이에

그림 7-19. 카톨릭과 이슬람의 가교역할을 하는 모스타르 다리: 15세기 오스만 제국이 발칸 반도를 지배하면서 이슬람이 가세했다. 오스만의 개방적 종교 정책이 이슬람·정교·가톨릭의 공존과, 세르비아계·크로아티아계 그리고 개종한 무슬림이 상생하도록 한 결과 모스타르는 문화적 용광로가 되었다.

전쟁이 벌어져 보스니아 내전 중에 또 하나의 내전이 벌어졌다. 이것이 이웃 간의 전쟁이라 할 수 있는 모스타르 내전이다. 내전이 끝난 후에도 네레트바 강을 사이에 두고 서쪽은 크로아티아계, 동쪽은 보스니아계로 갈라져 반목하고 있다.

:: 주 해설

1] Stuard, S. M., 1992, *A State of Deference: Ragusa/Dubrovnik in the Medival Centuries*, University of Pennsylvania Press, Philadelphia.

2] Krekić, B. 1972, *Dubrovnik in the 14th and 15th Centuries*, The University of Oklahoma Press, Oklahoma.

3] Stuard, S. M., 1981, Dowry Increase and Increments in Wealth in Medieval Ragusa(Dubrovnik), *The Economic History*, 41(4), 795-811.

4] Weber, M., 1958, *The City*, The Free Press, New York.

5] Jelavich, C., 1990, *South Slave Nationalisms: Textbooks and Yugoslav Union before 1014*, Ohio State University Press, Columbus.

6] Albin, P., 2004, A survey of the past earthquakes in the Eastern Adriatic(14th to early 19th century), *Annals of Geoghysics*, 47, 675-703.

7] Mumford, L., 1961, *The City in History: Its Origins, Its Transformations, an Its Prospects*, Secker & Warburg, London

모로코의 이슬람 도시

페스

모로코의 역사

우리나라 학계에서 아프리카 또는 이슬람 지역에 관한 연구는 비교적 저조한 편이다. 특히 지리학계는 그 정도가 더하다. 그래서 저자는 그동안 궁금했던 북아프리카 모로코에 관한 연구에 도전해 보았다. 이슬람권 도시를 연구하기 위해 라바트 · 카사블랑카 · 마라케시 등지를 답사하면서 페스에 주목하였다. 유럽의 스페인으로부터 아프리카 모로코로 가기 위해서는 항공편도 있지만, 타리파Tarifa를 출발하여 탕헤르Tangier로 향하는 페리를 선택하였다. 유럽과 아프리카의 길목인 지브롤터 해협을 보기 위해서였다. 지브롤터 해협은 지중해와 대서양을 연결하는 요충이지만 생각했던 것보다 좁아 보였다.

1981년 유네스코 세계문화유산으로 등재된 모로코의 전통도시 페스는

페스 구시가지(메디나)

그림 8-1. 유럽에서 아프리카를 바라본 지브롤터 해협: 지중해와 대서양의 길목 역할을 한다.

1919년부터 프랑스의 보호령으로 귀속되면서 일종의 식민통치를 받게 되었고 그 식민화 과정을 통하여 이른바 근대화라는 명분하에 외세에 의한 타율적 도시공간의 재편성을 경험하게 되었다. 사이드Said[1]가 주장하는 것처럼 '근대화'는 서유럽에서는 긍정적 가치를 지니지만, 비서구권에서는 서구화와 동일시되어 타율적으로 강제된 외부논리로 인식하는 경향이 있다. 중세 유럽이 암흑기를 맞고 있을 때 오히려 이슬람 세계는 지성을 축적하고 있었으며, 페스는 그러한 이슬람 지성의 중심지였다. 특히 이슬람 도시를 비롯한 유교문화권과 제3세계 국가들의 전통적 도시경관은 근대화 과정을 거치면서 겪어야 했던 값비싼 경험을 치렀다.

　모로코는 강대국의 팽창주의에 맞서 쇄국정책을 폈던 근대사만큼 중세 역시 여러 왕조가 부침浮沈을 반복한 역사를 지니고 있다. 7세기에 침입한 아랍인은 베르베르인Berber들이 살던 지역에 아랍어와 이슬람교를 가지고 침투하여 토착화시켰다. 이 시기에 베르베르인 국가가 탄생하였고, 8세기에는 페스를 수도로 하는 물레이 이드리스Moulay Idriss 이슬람 왕조789~926가 시작되었다. 최초의 왕조였던 이드리스朝는 바그다드로부터 망명한 아랍왕족이 페스에 건설한 왕국이었다. 11~13세기에 걸쳐 세력을 펼친 무라비트Murabit 왕조1056~1147와 알모하드Almohade 왕조라고도 불리는 무와히드Muwahhid 왕조1130~1269는 오늘날의 모로코·알제리·튀니지를 망라하고 지브롤터 해협 건너 이베리아 반도까지 그들의 지배하에 둔 마그레브Maghreb 통일국가를 세웠다. 그러나 15세기 말 마그레브는 이베리아 반도에서 이슬람 세력을 몰아낸 스페인과 포르투갈이 북아프리카로 침공하여 모로코의 아가디르Agadir와 사피Safi를 점령하였다. 1510년 페스에 세워진 사드Saadiens 왕조1525~1659는 그들을 격퇴하였고, 1660년 이후에는 알라위트Alaouite 왕조가 현재까지 계속되고 있다.

본 장의 대상인 모로코의 페스는 외세에 의해 근대화 과정을 거치면서 도시공간의 재편성과 사회적 재구성을 경험한 보편적 사례 중 하나라 할 수 있다. 일반적으로 중세 이슬람의 도시구조는 지형적 제약을 많이 받았다. 경우에 따라서는 간혹 격자형 가로망이 형성되기도 하였으나, 대부분의 경우는 강렬한 햇빛을 피하기 위하여 비좁고 불규칙한 네트워크의 가로망이 형성되었다. 자연발생적으로 형성된 복잡하고 불규칙한 도시의 경관과 구조는 무질서한 것으로 인식되거나 반대로 무질서 속의 질서로 평가 받기도 한다. 이와 같은 이중적 시각 때문에 이슬람 사회의 개인주의적 성향을 강조하는 학자가 있는 반면에 집단주의적 전통과 공동체성을 강조하는 아브-루가드Abu-Lughod[2]와 같은 지리학자도 있다. 페스는 식민지화되면서 도시의 위상이 급속하게 변화한 전형적인 이슬람 도시이다. 본 장에서는 중세도시 페스를 대상으로 이슬람 전통과 식민지화를 통한 근대화가 어떠한 도시경관을 창출하였는지 고찰하는 것을 목적으로 삼았다. 저자는 이러한 연구의 결과가 문화적 보존가치가 있는 역사도시의 개발에 본보기가 될 것으로 기대한다.

오코너O'Conner는 아프리카 도시를 전통도시 · 이슬람 도시 · 식민도시 · 유럽도시 · 이원도시 등의 7개 유형으로 분류한 바 있다.[3] 본 장에서는 페스가 이들 중 어느 유형에 속하는지에 관해서도 초점을 맞출 것이다. 이슬람 문화가 전파된 도시에서는 토지와 건물의 비영리적 운영방식인 하부스 *habous*에 의해 도시가 지속되어 왔다고 할 수 있다. 구체적으로, 여러 세대에 걸쳐 재이용되면서 물리적으로 지속될 수 있었던 이유는 그들이 개인소유의 부동산이 아닌 종교조직과 정부 등에 의해 공적으로 운영되었기 때문이다. 이와 같은 하부스 제도는 페스뿐만 아니라 말라케시 등과 같은 이슬람권의 역사적 도시에서 찾아볼 수 있다.

페스Fés는 아랍어로 '파스', 영어로는 페즈Fez로 불리기도 하는데, 이 도

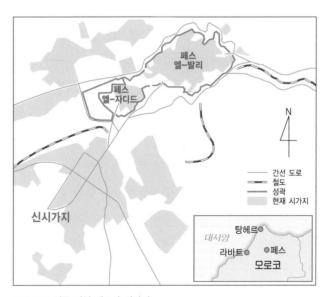

그림 8-2. 연구 지역 페스의 시가지

시는 메디나라고도 불리는 구시가지를 필두로 신시가지와 성곽 바깥쪽의 성저 주거지로 구성되어 있다. 본 장에서는 주로 이슬람 전통의 도시경관을 보이는 구시가지를 중심으로 고찰하기로 한다. 이를 위하여 저자는 페스 관련 문헌조사와 2009년 7월에 현지답사를 병행하였다.

구시가지 메디나의 형성

페스는 지중해로부터 내륙으로 약 140km, 아틀라스 산맥으로부터 북쪽으로 약 200km 분지에 입지한 도시이다. 유목민 베르베르인[4]이 세운 무라비트 왕조는 1069년 페스를 정복하고 그 이듬해 마라케시를 건설하여 천도하였다. 군사·행정기능은 신수도인 마라케시로 옮기고, 페스는 상업도시로 번영할 것으로 기대하였다. 초기에는 페스 천川을 사이에 두고 양안에 성벽이 축조되었으나, 곧 분단된 부분은 파괴되고 전체를 포함하는 하나의 성곽도시로 거듭났다. 무라비트 왕조에 이어 무와히드 왕조시대까지 주요 성문과 좌안에 정부 청사와 카스바casbah[5]를 건설하였다.

주변 부족은 도시를 점령하면 거점이 되는 카스바를 시가지 외곽에 건설하였다. 일반적으로 좌안은 '카라위인 안岸', 우안은 '안달루시아 안'이라 불렸다. 그 이유는 좌안에는 824년 튀니지 카라위인으로부터의 아랍 이주민이, 우안에는 809년 주로 스페인 안달루시아 지방으로부터의 이주민들이 거주하였기 때문이다. 이는 페스의 구시가지에 민족별 주거지 분화가 존재했음을 의미하는 것이다. 이밖에도 기독교도 포로 출신들과 유태인, 흑인노예 후손들이 시기에 따라 페스 인구의 다양성을 확장시키기도 하고, 정체성을 변화시켜 디아스포라를 이루면서 도시의 공간구성을 형성해 나아갔다.

당시 구시가지인 메디나medina의 도시구조는 그림 8-4에서 보는 것과 같이 좌안과 우안의 명료한 양안구조를 띠었다. 좌안에는 카라위인 모스크를 비롯하여 안달루시아 모스크 이외에도 7개의 성문이 존재하였고, 왕족과 관료 등의 지배계층인 아랍인 주거구역을 위시하여 피지배계층인 유태인 주거구역이 분포하였다. 그리고 우안에는 5개의 성문과 안달루시아 모스크를 비롯하여 베르베르인 주거구역이 분포하였다. 이밖에도 서구 학문에 능통한 안달루시아 출신과 공예·기술을 익힌 카라위인 출신자를 포함하여 소수의 기독교도들이 혼재하며 다양한 직업구성을 보였다. 이러한 양안은 교량으로 연결되어 통행이 빈번하였을 것으로 추정된다. 페스 천을 축으로 한 양안구조는 20세기에 실시된 페스 천 복개공사가 마무리될 때까지 지속되어 도시의 다양성의 상징이 되었다.

그림 8-3. 복개공사 이전의 페스 천

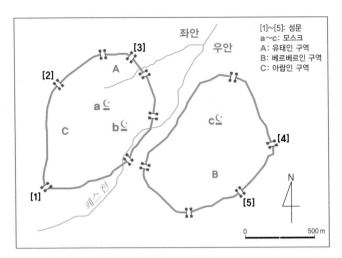

그림 8-4. 이드리스 시대의 구시가지 메디나 양안 구조

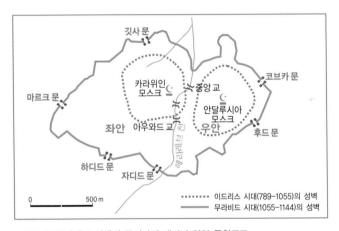

그림 8-5. 무라비트 시대의 구시가지 메디나 양안 통합구조

무와히드 왕조는 마린Marinid 왕조의 정복으로 쇠퇴하였으나, 1250년 전
왕조 지지파와 기독교도 용병단이 결속하여 반란을 일으킴에 따라 마린 왕
조는 출발부터 취약점을 드러냈다. 1269년 페스는 다시 수도가 되었지만,
술탄Sultan은 페스 시민을 감시하기 위해 1276년에 시가지 서쪽 고지대에

군사 · 행정시설을 집중시켜 성채지구인 카스바를 건설하였다. 신페스new Fés란 의미의 페스 엘-자디드Fés el-Jdid라 명명된 신시가지에는 구시가지인 페스 엘-발리Fés el-Bali와 비교하여 높고 두꺼운 성벽을 쌓았다. 이 구역에는 왕궁과 관청이 입지하였고 유태인을 비롯한 기독교 용병과 시리아 병사들의 주둔기지가 들어섰다.

페스의 헤게모니는 이원적 구성방식의 논리에 따라 페스 엘-발리와 페스 엘-자디드로 양분되었다그림 8-6. 그럼에도 불구하고 페스의 주도적 세력은 페스 엘-발리의 중심부를 차지하고 있었다. 그들은 앞에서 언급한 안달루시아와 카라위인 출신자의 후손들이었다. '파시' 라 불리는 그들은 페스의 토착민들로 강력한 지배력을 행사하는 주류세력이며, 그들이 장악한 공간은 왕권도 한발 물러서 페스 엘-자디드를 건설할 정도였다. 그 밖의 외래 이주민들은 왕의 보호 아래 별도의 공간을 만들어 거주하였다. 이는 도시의

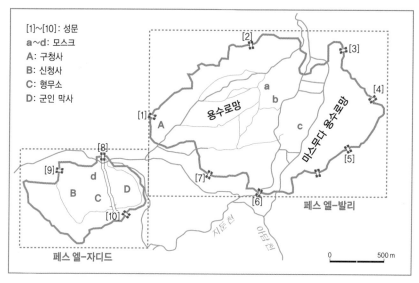

그림 8-6. 페스 엘-발리와 페스 엘-자디드

그림 8-7. 페스 구시가지 메디나의 경관

그림 8-8. 구글어스로 본 페스 구시가지

상업적 기능과 문화적 헤게모니의 중심에 참여하는 데 있어서 일정한 한계를 인정해야만 하는 것과 동일한 것으로 해석된다.

유태인들 중에는 무슬림으로 개종하여 페스 엘-발리의 메디나 시장에서 상인으로 성장한 가문들도 많았다. 이들은 외형적으로는 무슬림 인구 속에 완전히 흡수된 것처럼 보이지만, 실제로는 미묘한 차이가 드러나기도 했다. 이들과 달리 유태교를 고수하며 정체성을 유지한 상당수의 유태인들은 페스 엘-자디드의 유태인 전용구역 '멜라 _mellah_' 안에 고립된 형태로 거주하며 박해를 받아왔다. 그들이 집단적으로 거주하는 것은 여타 도시의 게토에서 볼 수 있는 것처럼 유태교 교회인 시나고구 _synagogue_ 를 비롯한 유태인들의 학교와 목욕탕 등의 시설을 손쉽게 이용할 수 있다는 데 이유가 있었다.

페스의 존속을 뒷받침한 요인은 구시가지를 망라하던 용수로망의 존재에서 찾아볼 수 있다. 페스에 아랍어로 샘물을 뜻하는 '아인 _ain_' 이란 지명이 많은 것은 모두 그 때문이다. 페스 천의 풍부한 물은 지상과 지하를 흘러 용수로망을 거쳐 모스크와 공공시설까지 공급되었다. 유명한 모로코 가죽공방은 배수를 위해 페스 강 하류에 배치되었다. 페스 엘-발리에는 140개에 달하는 전통적 근린이 분포하고 있다. 불과 2.5ha의 좁은 면적에 무려 1,100가구가 밀집하여 거주하고 있는 셈이다. 이러한 경관이 형성된 이유는 우물·빵집·모스크·코란 학교·함맘[6]·화장실 등과 같은 기반시설을 중심으로 하나의 근린단위가 조성되었기 때문이다. 하나의 근린단위 내에서 주민들의 활동범위는 도보로 1분 이내에 도달할 수 있는 거리에 해당된다.

위와 같은 과정을 거쳐 마린 왕조시대까지 동쪽의 페스 엘-발리와 서쪽의 페스 엘-자디드로 구성된 기본적인 도시구조가 완성되었다. 이러한 도시구조가 오늘날에도 남아있는 것은 대부분 상징성이 크고 견고한 건물이었기 때문이다. 이들 주요 건축물은 주로 군주인 술탄의 명령에 따라 하향식으로 건설된 것들이다.

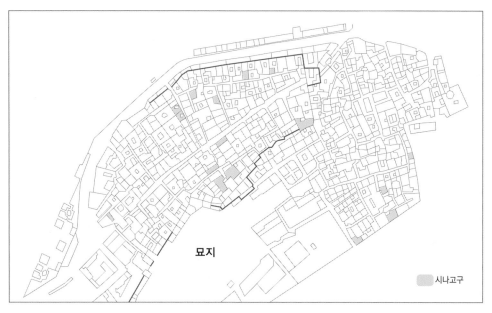

묘지

시나고구

그림 8-9. 멜라 지구의 시나고구 분포

그림 8-10. 시나고구의 내부

그림 8-12. 페스의 용수로망

그림 8-11. 공중목욕탕 함맘의 외부와 내부 모습

그림 8-13. 태너리로 불리는 가죽염색 공장

공사분리원칙과 쑤크의 형성

 엔나히드에 의해,[7] 술탄의 권력이 미치지 못하는 시가지는 원래 무질서·무계획하다는 종전의 이슬람 도시론과 일정한 질서에 기초하여 도시공간이 구성되었다는 두 가지 이론이 알려져 있다. 최근에 이르러 후자의 이론이 정설로 받아들여지게 되었는데, 그 정설 중에서도 공公과 사私를 분리하는 이슬람 사회의 관행으로 알려진 것이 이른바 공사분리설公私分離說이다.

 이는 상업이나 학문활동 등이 주로 이루어지는 공적 공간과 주로 주택만으로 구성된 막다른 골목의 컬드삭 형태나 가족의 사생활을 보호하는 중정식주택中庭式住宅 등의 사적 공간을 가능한 분리하는 도시설계의 관행을 가리키는 것이다. 구체적으로, 가로의 폭과 이용권을 비롯하여 사생활 보호를 위한 창문 높이를 규정하거나, 무질서한 소유권 변경을 방지하기 위한 이웃집의 선매권 보장, 공유벽을 둘러싼 소유권과 사용권의 규정 등이 그것이다. 이는 인구증가에 따른 공간부족을 4~5층까지 증축하거나 옆으로 확장할 경우에 적용된다. 개인의 주택이 공공의 공간인 도로에 면해 있을 경우에는 사적 공간일지라도 일조권에 희생되는 일은 없었다. 역사적으로 외부와의 교류가 빈번했던 페스에는 이러한 공사분리의 원칙이 적용될 수밖에 없었던 것이다.

인구증가로 인한 공간수요는 폭이 1m도 되지 않는 수많은 골목길을 만들게 하는 요인이 되었다. 사생활 보호를 확보하기 위하여 출입구가 서로 마주하지 않도록 배치되었고, 창문은 2m 정도 높게 설치되었다. 역사적으로는 주택의 출입구가 시계市界에 들어오지 않도록 설치해야 한다는 규칙이

그림 8-14. 메디나의 쑤크

있었으며, 그것이 주택과 상점을 혼재시키지 않게 만든 하나의 요인이라 생각된다. 또한 메디나의 경우 가장 사적 공간인 주택은 크기를 불문하고 대부분 주택 중앙에 중정을 두어 공동의 공간을 확보하였다. 이것은 고밀도 주거환경에 숨통을 터주는 역할을 한 것이다.

페스는 지중해 지방과 서남아시아를 비롯하여 북아프리카 지방과 교역을 행하여 번창한 도시이다. 쑤크*suq*라 불리는 상점가는 일반적으로 각 상품 종류마다 전문화한 시장을 말한다. 전문화의 배경에는 가죽상점과 제화점 간의 관계처럼 각 구역에 고유한 생업과 동업자 간의 경쟁과 협력으로 작동되는 시장원리가 존재하였다. 20세기에 들어와 그 품종은 향신료·피혁·목공품·귀금속·식료품 등 다양하였다. 이들 쑤크는 카라위인 모스크를 비롯한 주요 도로변에 입지하였다. 이밖에도 전문화되지 않은 소규모의 쑤크는 품종별로 그룹화되지 않은 채 주로 야채·청과물·향료 등을 판매하며, 인접한 상점과 취급상품을 달리 하였다. 쑤크의 불규칙한 가로망은 도시계획의 부재를 반영한 것이기도 하지만, 방어목적과 땡볕을 가리기 위한 그늘의 제공에도 원인이 있다. 그로 인해 프랑스 보호령 시대에는 프랑스 군대가 메디나로 진입하지 못하기도 하였다.

상점을 신규로 개설할 경우에도 공사분리의 관행이 적용되어서 근린주택의 사생활이 노출되는 위치에는 점포 개설이 금지되었다. 그 결과, 상점 개설은 주택지를 피하여 공공시설이나 다른 점포에 근접한 곳에 추진되었다. 상점이 한 곳에 집적됨에 따라 주택지역과 상업지역으로 분화된 것이다. 그리고 메디나의 상업지역을 논함에 있어 간과할 수 없는 것이 푼두크의 존재이다.

'푼두크'란 원래 이슬람 세계에서 여기저기 떠도는 상인들의 숙소 겸 거래장소이거나 왕래하는 대상隊商의 교역거점이었던 것에서 분업의 진전에 따라 숙박·창고·거래소와 같은 기능을 세분화시킨 중정 형태의 시설을

그림 8-15. 푼두크의 내부 모습

가리킨다. 일반적으로 푼두크에는 1층에 취사 혹은 거래소, 상층에는 숙박
시설이 있는데, 최근 조사에 의하면 페스 시내에 108개소가 현존해 있다.
페스에는 184개소의 예배시설 다음으로 푼두크가 많이 분포한다.

하부스에 의한 도시구조의 재편

　메디나가 오늘날까지 존속된 또 하나의 요인으로 하부스에 주목할 필요
가 있다. 하부스는 메디나의 내적 성숙과 존속에 큰 역할을 했을 뿐만 아니

라 프랑스 보호령 시대에는 근대화를 위한 제도개혁의 일환으로 재원을 활용한 도시 개발에도 중요한 역할을 담당하였다. 일반적으로 하부스는 부유층이 보유하고 있는 토지와 건물이나 재산을 모스크와 같은 공적 시설에 기부하는 것을 뜻한다.

하부스는 가족 하부스와 공적 하부스로 대별된다. 초기의 하부스는 가족 하부스의 형태를 띠었다. 부유층의 기부는 되돌려 받을 수 있었을 뿐만 아니라 임대형식도 취하였다. 하부스 시설은 그것을 이용하는 가족과 자손들에게 그 시설의 명성과 권위하에 지속되어 수세기에 걸쳐 소유권 이전이나 약탈을 면할 수 있었다. 또한 이 시설의 수익금은 하부스의 증축과 보수, 성직자의 녹봉 등의 유지비로 사용할 수 있었으며, 이것이 하부스의 기본적 구조였다.

시대가 변하면서 모로코에서는 가족과 자손의 계통이 모호해짐에 따라 가족 하부스의 형태가 차츰 소멸되기 시작하였다. 그리하여 소유권이 정지된 공적 하부스로 변질되었다. 임차인이 사망하여도 자손에게 상속되지 못하였고, 사후에는 경매 처분되어 보증금만 지불하면 누구라도 임대할 수 있게 되었다. 하부스 사용권은 임차인의 수명과 함께 종료되었다. 공적 하부스는 임대료가 저렴하였으므로 시설유지비만 확보되면 그 기능이 유지될 수 있었다.

하부스를 근원적으로 지탱해 준 것은 주민들의 신앙심이었을 것이다. 그들은 하부스 시설의 운영을 위하여 모금을 하거나 비품 등을 기부하였다. 그러나 기부금 액수가 커짐에 따라 이는 하부스에 술탄이 개입하는 계기를 제공하였다. 하부스 시설의 가치가 오르면서 수익이 증가하여 술탄 정부의 예산에 편성되었다. 국가예산의 중요한 재원이 된 하부스는 병원을 위시한 신학교와 공동묘지 등의 대규모 시설을 조성하거나 도로확장과 수로망 정비 사업을 비롯하여 빈곤층에 대한 자선사업에도 투자하였다.

하부스의 상황은 프랑스 보호령 시대로 접어들면서 일변하였다. 프랑스는 19세기까지 모로코는 물론 알제리와 튀니지에서도 하부스의 개혁을 단행하여 국유화하였다. 보호령 정부는 하부스 제도개혁의 목적을 ① 하부스 수익의 이용에 대한 엄밀한 정의, ② 정확한 금전출납부 작성, ③ 가능한 하부스 시설 수익금의 재환원, ④ 공적 이용의 엄수, ⑤ 증여·소유권 이전의 불가능성 완화, ⑥ 모로코 관료의 육성과 조직화에 두었다.

이러한 일련의 개혁은 효율적인 하부스 재원으로 이어져 수많은 도시 개발의 시행을 가능케 하였다. 이 예산은 주로 시가지 주변에 형성된 변두리의 개발에 투자되었다. 하부스 구역은 그 이름이 상징하는 바와 같이 구역의 주택과 상점이 모두 하부스의 소유가 되었고, 판매수익과 임대료 수입의 일부를 기부금으로 충당하였다는 점에 특징이 있다.

분리정책과 도시경관

하부스의 근대화와 함께 구시가지 도시정책은 보호령 초기인 초대 총독 리요테Lyautey에 의한 문화재 보호행정이었다. 그의 임기 중1912~1923 먼저 단행된 것은 내륙의 페스로부터 대서양 연안의 라바트로의 천도였다. 천도는 모로코 국민들에게 페스가 지닌 성도聖都로서의 의미를 말살하고, 근대 모로코의 탄생을 라바트로 부각시키려는 정치적 의도가 담겨져 있었다. 또한 천도는 해로로 연결되는 본국 프랑스와의 연락을 긴밀히 하려는 군사적 의도이기도 하였다.

리요테가 모로코 도시정책에서 제창한 기본이념은 유럽인 주거지와 현지인 주거지의 완전한 분리La séparation complète des agglomérations européennes et indigènes였다. 페스의 구시가지와 신시가지 간의 연락은 최소한 확보하면서

도 서로 독립된 역사도시이자 서구형 도시를 목표로 하는 것이었다. 이것은 일반적으로 '분리정책'이라 불리는데, 분리정책을 도시계획에 구현한 것은 1914년 총독이 초빙한 프랑스 도시계획가 프로스트Prost였다. 그는 영국과 미국 시찰을 통하여 당시로서는 최신 도시토지이용 이론이었던 지역지구제 zoning system를 배운 바 있다.

프로스트가 분리정책을 구상한 첫 번째 이유는 정치적 이유였다. 즉 모로코인과 유럽인들이 서로 문화적 차이와 생활양식을 수용하며 공존하기가 어렵다고 판단한 것이다. 또한 구시가지와 신시가지는 물론 변두리로 확장되는 도시구조가 식민지를 통치하는 입장에서는 편리하다고 여겼기 때문이다. 정치적 이유란 것은 구시가지에 대한 존중과 경원의 이중적 의미를 내포하고 있는 것으로 풀이된다.

두 번째 이유는 경제적 이유로, 구시가지 내부의 개발에는 여러 제약이 가로막혀 곤란한 점이 많다는 점이다. 서구풍의 도시를 조성하기에 역사도시의 도로사정은 매우 열악하다. 보호령 시대에는 물론이거니와 독립 후에도 구시가지에 대한 도시 개발을 검토한 적이 있었으나, 경제적 비용이 막대할 뿐만 아니라 8,090여 개에 달하는 골목길의 역사적 환경을 파괴할 우려가 크다는 판단하에 시행에 옮기지 못하였다.

세 번째 이유는 위생적 이유 때문이었다. 즉 구시가지를 정비함에 있어서 상하수도 시설의 정비와 질병대책이 바로 그것이다. 구시가지의 상수도 수질은 서양인들이 마시기에는 불량하였는데 근대의학에 기초한 위생지도를 하기에는 과학적인 것을 두려워하고 꺼리는 당시 페스 주민들에게 호의적으로 받아들여지지 않았다. 보호령 정부는 적극적인 환경개선을 시도하기 위하여 1923년경부터 상하수도 정비사업에 돌입하여 1937년까지 구시가지 전체에 대한 하수도 정비를 마쳤다.

이와 같은 이유로 프로스트 역시 구시가지의 독자성과 독립성을 인식하고 있었기 때문에 당초부터 근대적 도시 개발은 불가능하며 불필요하다고 판단하였다. 상기한 분리정책의 구상 이유 중 경제적 이유와 위생적 이유는 차치하더라도 정치적 이유 속에는 실질적인 인종분리의 의도가 함축되어 있었던 것으로 추정된다. 리요테 총독은 전술한 바와 같이 페스가 내륙도시인 까닭에 본국 프랑스와의 교통이 불편하고 도시구조와 주민들의 조직양식이 외부세력을 용납하지 않음을 깨닫고 수도를 라바트로 이전하였다.

다음으로 분리정책이 실제로 도시계획에 어느 정도 반영되었는지 고찰해 보았다. 프로스트가 구상한 도시계획에는 주상복합지역 · 여가지역을 비롯하여 역 · 학교 등의 도시 시설이 명시되어 있다. 신시가지의 건설장소로 선정된 곳은 구시가지 서남부에 위치한 평탄한 농지였다. 역사적으로도 구시

그림 8-16. 구시가지(좌)와 신시가지(우)의 경관 비교

가지는 서쪽의 페스 천 건너편 좌안방향을 향하여 확대되고 있었다. 14세기의 페스 엘–자디드 역시 구시가지의 서쪽으로 건설되었다. 평탄한 지형을 이용하여 경마장과 비행장과 같은 대규모 시설이 건설됨에 따라 서구풍의 근대적 생활이 가능해짐은 물론 구시가지의 카스바에 주둔하던 프랑스 군대가 신시가지로 이전하여 프랑스인들에게 안도감을 주었다.

두 시가지의 완충지대에는 개발금지구역이 지정되었고, 이는 구시가지의 보전은 물론 녹지공간을 조성하는 효과를 거두었다. 구시가지와 신시가지의 분리정책은 페스 최초의 도시계획에 잘 반영되었다. 또한 구시가지의 보전은 개발금지와 문화재 보호정책에 의거하여 가능하게 되었다. 이와는 달리 신시가지는 각종 문화재 보호로부터 자유로워져 서구인을 위한 도시공간으로 조성할 수 있게 되었다. 이것이 오늘날 페스의 도시경관을 결정지은 중요한 계기라 할 수 있다. 이러한 분리정책에 의한 도시구조는 당시로서는

그림 8–17. 신시가지의 주택경관

대단히 합리적인 도시모델로 평가되었다.

분리정책의 붕괴와 중층화 경관

1956년 모로코 독립 이후 이촌향도의 규모는 더욱 증가하였으며, 자연증가를 합치면 세 지구의 인구증가는 멈추지 않았다표 8-1. 페스의 인구증가율은 10년마다 50%에 가까운 격증세를 보였고, 성곽 주변부인 성저지구城底地區의 스프롤 현상뿐만 아니라 구시가지와 신시가지 등의 기성시가지에도 큰 영향을 미쳤다. 그 중 유민은 모로코 모든 지역으로부터 유입되었는데, 특히 페스 북쪽의 리프 산맥과 근교로부터의 유민이 많았다. 그들은 도시경험이 전무한 농업과 목축사회를 영위하던 농촌 주민들이었다. 그들은 주로 페스의 구시가지와 아인 카두스 성저지구에 정착하였다.

한편, 그림 8-18에서 보는 것처럼 모로코 독립 후 신시가지는 프랑스인들의 본국 귀환으로 구시가지로부터 이전해 온 모로코인들로 대체되었다. 특히 구시가지에 거주하던 엘리트 및 부유층은 신시가지로 이전하거나 수도 라바트와 경제도시 카사블랑카와 같은 해안도시로 주거지를 옮겼다. 이에 따라 자동차 중심의 도로와 광장의 카페, 영화관 등의 서구풍 시설은 모로코인들이 이용하게 되었다.

보호령 시대에 형성된 각 지구에는 도시경관이 형성되던 초기의 거주자들이 존속했다고 볼 수 없다. 거주자의 유동은 각 지구마다 주거형태와 공간이용의 방식이 계승되는 공간의 중층화를 촉진시키는 계기가 되었다. 이와 같은 여과과정은 다른 식민도시에서도 흔히 발견할 수 있는 현상이다.

이촌향도에 따른 유민의 인구유입이 가장 집중된 곳은 구시가지였다. 보호령 시대 이전의 구시가지 인구는 8~10만 명 정도로 추정되지만, 1971년

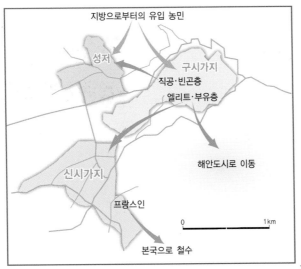

지방으로부터의 유입 농민

성저

구시가지
직공·빈곤층
엘리트·부유층

해안도시로 이동

신시가지

프랑스인

본국으로 철수

0   1km

그림 8-18. 페스의 인구 이동

표 8-1. **모로코 독립 후 페스의 지구별 인구증가**[8]

(단위: 명)

구분	1960년	1971년	1982년
구시가지	156,900	196,500	169,726
신시가지	38,100	67,200	94,669
성저	21,200	59,100	115,590
기타			104,169
합계	216,200	322,800	484,154
증가수 (기간증가율)		106,600 (49.3%)	161,354 (49.9%)
유민 증가수	8,000	35,750	56,525
자연 증가수		70,850	104,834

* Royaume du Maroc 및 Presses Universitaires du Mirail[9]

표 8-2. 구시가지의 인구추이

(단위: 명)

구분	1926년	1960년	1971년	1982년	1994년	2000년*	2010년*
페스 엘-발리	65,000	127,657	151,780	130,929	115,645	108,677	97,985
페스 엘-자디드		43,388	44,720	38,797	34,796	32,953	30,096
구시가지 전체	65,000	171,045	196,500	169,726	150,441	141,628	128,072

* 에코하드[10], 로예무Royaemu[11], 마쓰바라松原[12]의 자료를 재구성.

에는 20만 명에 육박하여 두 배 증가하였다. 구시가지의 인구과밀화는 성곽 내부에서의 스프롤 현상을 보였다표 8-2. 1900년까지 페스 엘-발리 성곽 내의 시가지는 아직 성벽에 다다를 정도는 아니었고, 성벽과 시가지 사이의 완충지대로서 녹지와 묘지가 존재했었다.

오늘날처럼 성곽 내부가 시가지로 채워진 것은 농촌으로부터 유입된 인구가 아무런 규제가 없던 당시에 불량주택지를 형성하면서부터의 일이다. 이런 현상은 좌안보다 녹지비율이 컸던 우안에서 현저하게 나타났다. 구시가지에 거주하는 주민들은 과거와 달리 지방의 농촌 출신보다 페스 출신자가 점차 증가하는 추세에 있었다.

페스 천 복개공사 및 도로개설에 의한 파사드 변화

구시가지의 좌안과 우안을 남북으로 관통하여 흐르는 페스 천혹은 헤라레브천은 도시주민의 중요한 수자원이었다. 이 하천은 역사적으로는 도시 발생의 첫 번째 입지조건이었으며 도시계획에 있어서 지혜의 상징이었다. 보호령시대에는 이러한 하천 상류의 좌안과 우안에 새로운 전통형 주택지가 형성되었고, 1933년에 들양안을 연결하는 교량이 세 곳에 설치되어 있었다.

도시화로 인한 하천의 오염이 심각해지자 복개공사의 필요성이 보호령 시대부터 대두되었으나 실행에 옮겨지지는 못하였다. 그러다가 구시가지 보전의 필요성을 제기했던 리요테와 프로스트 등에 의해 하천의 복개구상이 제안되었다. 특히 1947년 보호령 정부 공공사업부의 도시계획 및 주택국 국장을 역임한 에코하드Ecochard는 1952년 페스 근교주택지 개발과 산업입지의 분산, 자동차도로의 정비, 좌안과 우안의 연결을 위시한 도시 미관과 위생을 위하여 하천 복개화를 추진하였다. 그러나 복개공사가 시작된 것은 모로코 독립 후인 1967년이었고, 공사가 완료된 것은 1969년이었다. 그 결과, 루세프R'cif 로라는 관통도로가 개설되고, 하천은 하수도 역할을 하게 되었다.

1980년 유네스코 등의 국제협력으로 페스 최초의 마스터플랜이 수립되었다. 루세프 로는 독립국 모로코의 근대화사업으로 자리매김 되었으나, 역사적 경관은 훼손되었다. 대신 마스터플랜에 의거한 유럽형 도로와 광장, 공원 등이 페스의 새로운 근대도시적 요소로 등장하였다. 하천의 복개공사와 더불어 새로운 도로의 개설은 페스의 도시경관을 바꿔 놓는 계기가 되었다. 기존 주택지에 대한 도로의 개설은 페스의 파사드facade를 일신하였고 가로망은 주택지의 배열상태에 따라 불규칙하게 형성되었다. 가로망의 신설로 도로측의 벽면을 개수하고 일반주택의 1층을 점포화하는 사례가 빈번하여 도로변 토지이용의 변화가 발생하였다.

도로의 신설로 형성된 가로 파사드는 다양한 면모로 바뀌었는데 대체로 그림 8-19에서 보는 것처럼 5개 유형으로 구분된다. a유형은 인접한 건물과의 공유벽 상에 도로가 개설된 경우이며, b유형은 수용된 토지 중에서 녹지와 인접한 경우에 형성된 파사드이다. c유형은 토지 수용과는 관계가 없으나 하천에 직접 면한 경우이고, d유형은 역사적 도로를 경계로 토지가 수용된 가장 흔한 경우이며, e유형은 건물을 분단하는 형태로 도로가 개설된

표 8-3. 유형별 파사드 상황

(단위: m, %)

구분	a 유형	b 유형	c 유형	d 유형	e 유형	총연장(m)
우안	296(22)	329(24)	302(22)	433(31)	11(1)	1,371
좌안	99(8)	0(0)	513(39)	636(49)	52(4)	1,300
양안 합계	395(15)	329(12)	815(31)	1,069(40)	63(2)	2,671

출처: 松原康介, 2008, モロッコの歴史都市フェスの保全と近代化, 學藝出版社, 東京, p.133.

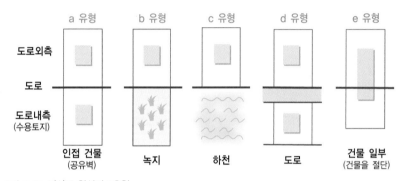

그림 8-19. 파사드 형성의 5유형

드믄 경우로 파사드 처리가 곤란하다. 양안을 통틀어 이들 유형 중 d유형이 가장 많고 e유형은 드물다표 8-3.

엔나히드[13]는 이슬람권 도시의 도시성都市性, urbanism을 공유지와 사유지의 분할로 특징지을 수 있다고 밝히면서 페스가 가장 전형적인 사례 중 하나라고 지적하였다. 그는 페스의 메디나를 개별주택<주택집합체<구역<도시의 순으로 가로망과 주택 간의 질서를 파악하였다. 페스의 개별주택의 경우는 굴곡축 입구bent-axis entryway를, 구역의 경우는 막다른 골목길을 이루는 컬드삭cul-de-sac 형태를 취하고, 구역은 하향적 계층질서의 가로망network of streets of descending hierarchical order으로 모식화 될 수 있다. 즉 주요

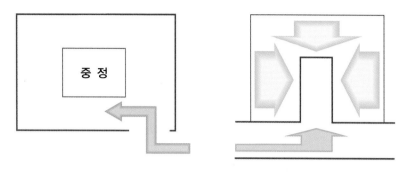

굴곡축 입구   컬드삭

그림 8-20. 굴곡축 입구와 컬드삭의 모식적 형태

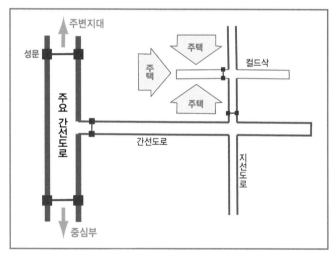

그림 8-21. 페스 도로체계의 모식적 형태

간선도로광로, 간선도로대로, 지선도로중로, 골목길소로의 계층에 따라 도심,
블록, 주택으로 연결되는 시스템이다그림 8-21.

성저 주변지대의 형성

보호령 시대에 시행된 농지개혁의 실패는 모로코 전 지역에 걸쳐 이촌향
도를 유발하였고 특히 페스로의 대량유입을 촉발시켰다. 유입인구가 페스
에 가하는 구조적 도시압력은 주택부족으로 나타났다. 그들은 1930년대 성
곽 내부는 물론 성곽 외부 구시가지 북쪽 아인 카두스에 불법주거지역을 형
성하면서 고용과 상업을 메디나에 의존하였다. 인구의 급속한 증가는 아인
카두스를 비지적으로 성장시키는 결과를 초래하였다. 1940년대 성곽 주변
지대의 아인 카두스는 슬럼을 형성하게 되었다.

제도개혁 이후 하부스는 상당 부분 도시 개발의 재원으로 활용되었다. 메
디나 시가지 정비에 많은 예산이 투입되었으나, 문제 해결이 여의치 않음을
깨닫게 되자 슬럼 재개발의 필요성이 제기되었다. 1941년 페스의 슬럼은 구
시가지 주변보다 신시가지 주변의 남쪽에 집중적으로 입지하는 경향을 보
였다. 아인 카두스는 에코하드[14]가 수립한 페스 도시기본계획에 의거하여
개발이 금지되었던 구역에 3단계에 걸쳐 순차적으로 조성되었다. 그는
1915년의 도시계획도를 참조하여 도로망을 설계하였다.

14세기 페스를 포함한 북아프리카를 중심으로 활동한 사상가 이븐 할둔
Ibn Khaldūn1332~1406은 그의 저서 *Muqadmah*로 알려진 『歷史序說』에서 도시
를 거점으로 하는 왕조와 주변부족 간의 패권교체의 반복이 역사의 본질이
라고 규정한 바 있다.[15] 그 근거로서 도시의 부유한 생활은 주변부족의 선망
의 대상이 되면 그들은 혈족관계를 통한 강한 연대의식을 바탕으로 도시를
정복하고 왕조를 창시한다는 것이다. 그러나 그 왕조는 거의 3대에 걸친 도
시의 부유한 생활에 빠져들어 연대의식을 상실하여 새로운 주변부족에게
정복당하게 된다. 즉 도시는 단선적으로 존속해 가는 것이 아니라 지속적으
로 주변부족의 침공과 정착을 반복하는 것이며, 그것이 도시의 활력으로 이

그림 8-22. 구글 어스로 본 아인 카두스의 비지적 도시확산

어진다는 것이 할둔이 주장하는 역사관의 요체이다. 그는 주변부족의 생활에는 문명의 근원이 있으며, 도시는 그 발전형이라고 역설하였다. 이 학설에 기초하여 페스의 역사를 살펴보면 페스를 점령한 왕조는 모두 주변부족 출신이며, 그들의 출신지는 매우 다양하다는 사실을 확인할 수 있다.

그림 8-23은 주요 카스바와 주택지의 성장을 시대순으로 요약한 것이다. 즉 789년에 우안a이, 809년에 좌안b이 건설되어 양안구조가 형성되었으며, 뒤이어 페스 엘−자디드d가 건설되고 그 내부에 유태인 주거구역인 멜라g가 형성되었다. 코르도바와 그라나다의 함락으로 피신해 온 안달루시아 등의 유민들은 메디나 북서쪽에 아인 아두리둔h을 형성하였다. 최초의 성저지대 엘멜i에 주거지가 형성되었고, 깃사 문 밖에는 나환자의 주거지j를 비롯한 하층민의 주거지k~n가 북쪽과 서쪽으로 확장되었다.

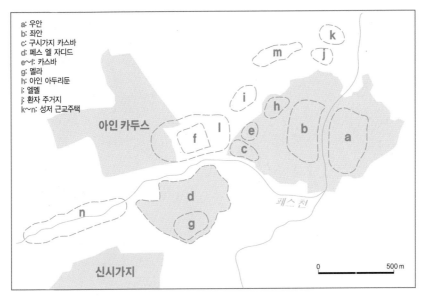

그림 8-23. 주요 카스바와 주택지의 분포

1483년 그라나다에서 태어나 북아프리카를 여행한 아프리카인Africain의 견문록에 의하면 페스의 성곽 바깥쪽을 'Faubourg'라고 기록해 놓았다. 이는 근교·변두리·주변부라는 의미이기도 하지만, 성곽도시인 경우에는 성저城底란 뜻을 지닌다. 최초의 성저 슬럼은 페스 엘–자디드 서쪽 하천변 습지대n에 형성되었다. 여기에는 대부분 성곽 내부의 메디나에서 일하는 하층민이 거주하고 있었다. 그러나 이 지역에도 상점과 공방 등이 존재했다는 사실은 일정한 주거환경이 조성되어 있었음을 시사하는 것이다. 오히려 메디나에서는 찾아볼 수 없는 도박장과 주점 등이 성저에 입지해 있었다.

모로코 도시에는 30개에 달하는 전통적 메디나가 분포하고 있다. 그 중 페스의 메디나에는 36%에 달하는 빈민층이 거주하고 있다. 이는 모로코 도시와 농촌의 빈민율 각각 10.4% 및 28.7%와 비교해도 높은 수치이다. 이런 상황에서는 메디나를 개발하는 것보다 보존하는 정책이 훨씬 유익하다는 연구 결과가 도출된 바 있다.[16] 그러나 이와는 달리 메디나의 보존재생사업이 관광을 위한 사업에 치우치는 경향이 있으며, 메디나는 현지 주민들이 살아가기 위한 유산이어야 한다는 지적도 있다.[17]

메디나가 포화상태에 이르자 인구는 신시가지를 비롯한 성곽 밖의 성저지대로 분산되어 나아갔다. 그 결과, 메디나의 인구는 전체의 35%에 불과하였고 성저 주택지대가 24%, 신시가지 20%, 기타 21%의 비율로 바뀌게 되었다. 따라서 메디나와 주변지역과의 교통량은 대폭 증가하였다. 메디나는 미로 형태의 협소한 도로와 골목길이 많은 탓에 자동차의 수송분담률은 15.1%에 불과하며, 사람과 나귀 및 조랑말에 의한 분담률이 대부분을 차지하고 있다표 8-4.

데이비스Davies와 프라피Frappier가 지적한 바 있듯이,[18] 약 6,000년 전부터 도시의 주요 운송수단으로 등장한 가축의 존재는 서남아시아와 북부아프리카의 경우 경제생활은 물론 건축에도 영향을 미쳐 도시경관에 반영되었다. 즉 그들이 생각한 도로 폭은 가축이 왕래할 수 있는 넓이였다. 페스의 경우는 오늘날에도 예외는 아니다.

페스의 개괄적 도식구조는 그림 8-26에서 보는 것처럼 과거 양안구조의

표 8-4. **운송수단별 화물교통량 비율**[*]

(단위: %)

수단별	식료품	연료	원료	완제품	제조상품	기타	계
사람	21.9	0.4	3.3	7.9	0.2	1.6	35.3
나귀·조랑말	11.7	3.3	4.4	3.7	0.2	16.6	37.9
자동차	2.8	0.7	0.7	0.2	0.2	10.5	15.1
기타	4.2	1.3	0.3	0.1	0.0	5.8	11.7
합계	40.6	5.7	8.7	11.9	0.6	32.5	100.0

[*] Pearson, R. E., Barrett, H. R. and O'Hare, G. P., 1987, Transport Flow in and out of a Medina: The Case of Fes, *Scottish Geographical Magazine*, 103(3), 156–162.

그림 8-24. 메디나(전면)와 신도시(후면)의 경관

그림 8-25. 페스의 운송수단

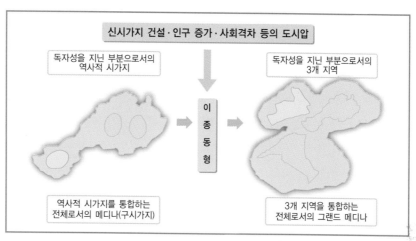

그림 8-26. 페스의 그랜드 메디나 구조: 이와 같은 구조는 우리나라의 역사도시에도 적용할 수 있는 지속가능한 개발 방법이다.

그림 8-27. 히잡을 쓴 모로코 여성들의 모습

페스 엘–발리와 페스 엘–자디드로 구성된 3핵 구조이던 것이 인구증가로 인한 도시 확장 이후에도 구시가지와 성저지대인 아인 카두스, 보호령 시대에 조성된 신시가지의 3핵 구조로 발전한 것이다. 과거의 3핵 구조가 각기 독자성을 지닌 부분으로서의 역사적 시가지라면, 오늘날의 3핵 구조는 각기 독자성을 지닌 부분으로서의 3개 지역을 가리킨다. 전자는 역사적 시가지를 통합하는 전체로서의 메디나이며, 후자는 3개 지역을 통합하는 전체로서의 그랜드 메디나이다. 그러므로 페스와 같은 전통 도시는 이종동형異種同形, isomorphism의 발전을 지향해 왔으며 그것이 지속가능성을 담보할 수 있는 바람직한 도시상都市象이었던 것이다.

결론적으로 페스와 같은 전통 도시는 이종동형의 발전을 지향하는 도시 정책이 바람직할 것으로 사료된다. 페스와 같은 인류문화유산은 급진적 보존주의에 치우치지 않고 현대문명과 대치되지 않으면서도, 주민들의 지속가능한 주거를 위한 유산이어야 한다는 이율배반적 균형을 취해야 할 것이다. 그러므로 페스는 오코너가 분류한 아프리카 도시 유형 중 이슬람 도시와 식민도시의 유형이 조합된 이원도시dual city라기보다는 이슬람의 토착적 요소와 프랑스의 외부적 요소가 통합된 혼성도시hybrid city에 속한다고 볼 수 있다.

:: 주 해설

1] Said, E. W., 1978, *Orientalism*, Vintage Books, New York.

2] Abu-Lughod, J. L., 1987, The Islamic City—Historic Myth, Islamic Essence, and Contemporary Relevance, *International Journal of Middle East Asia*, 19(2), 155-176.

3] O'Conner, A., 1983, *The African City*, Hutchinson, London.

4] 약 1천만 명으로 추산되는 베르베르인은 21개 종족으로 구성되어 있으며 북아프리카 사하라 사막에 산재하고 있다. 이들 중 토착민은 오아시스에서 농업와 목축업에 종사하며 다양한 공예기술로 유명하다. '베르베르'란 종족명은 라틴어의 야만인을 뜻하는 Barbar에서 유래하였다. 그들은 스스로를 귀족혈통의 사람이란 의미의 이마지겐Imazighen이라 부른다.

5] 카스바casbah란 통상 성채로 번역되며, 도시의 청사를 지칭하는 경우와 오아시스의 성곽취락을 가리키는 경우도 있다.

6] 공중목욕탕인 함맘*hammām*은 증기목욕탕을 가리키며, 이것은 이슬람 도시에서는 필수적 도시건축물 중 하나이다.

7] Ennahid, S., 2002, Access Regulation in Islamic Urbanism: The Case of Medieval Fès, *The Journal of North African Studies*, 7(3), 119-134.

8] Royamue du Maroc, 1980, *Schéma directeur d'urbanisme de la ville de Fés*, UNESCO, Paris.

9] Presses Universitaires du Mirail, 1990, *Atlas de la medina de Fès*, Universit? de Toulouse-Le Mirail, Mirail.

10] Ecochard, M., 1951, La vie urbaine et les monuments à lépoque musulmane, *Architecture d'Aujourd'hui*, 35, 1-15.

11] Royamue du Maroc, 1980, *Schéma directeur d'urbanisme de la ville de Fès*, UNESCO, Paris

12] 松原康介, 2008, モロッコの歴史都市フェスの保全と近代化, 學藝出版社, 東京.

13] Ennahid, S., 2002, Access Regulation in Islamic Urbanism: The Case of Medieval Fès, *The Journal of North African Studies*, 7(3), 119-134.

14] Ecochard, M., 1948, *Schéma du plan d'aménagement de Fès*, Rabat.

15] 森本公誠 譯, 2001, 歷史序說, 岩波文庫, 東京.

16] Dixon, J. A., Pagiola, S., and P. Agostini, 1998, Valuing the Benefits of Conservation of the Fès Medina, *Valuing The Invaluable: Approach and Applications*, Synopsis of Seminar Proceedings, 1-4.

17] Lanchet, W., 1984, The Research's Conditions of the Geographer and the Transcultural Geography's, in Abu-Lughad, L. J. (ed.), *Rabat. Urban Appartheid in Morrocco*, Princeton University, Princeton, 211-215.

18] Davies, D. K. and Frappier, D., 2000, The Social Context of Working Equines in the Urban Middle East: The Example of Fez Medina, *The Journal of North African Studies*, 5(4), 51-68.

서구 도시문명의
특징 이해하기

도시학자 세넷

　서구 도시문명을 종합적으로 이해하기 위해서는 리처드 세넷R. Sennett[1]의 문헌을 탐독하면 용이해진다. 그는 루이스 멈포드L. Mumford, 1984의 저서 『역사 속의 도시 *The City in History*』에서 서술한 것처럼 도시를 구성하는 기본적 형태의 진화를 추적하면서 설명하는 방식을 원용하지 않은 도시연구가이다. 또한 줄리아드 대학 출신의 첼리스트인 동시에 세 편의 소설을 출간한 문학가이면서, 사람들의 육체와 그들 자신이 살아가는 공간 사이에 어떤 의

아테네 시가지

미를 가지는 사건이나 현상을 고찰함으로써 도시를 연구한 학자이다.

세넷의 저서는 육체의 경험으로 풀어본 도시의 역사라고 규정지을 수 있다. 그는 과거의 도시를 이해하기 위한 방편으로 육체를 다루고 있지만, 그것은 도시공간에서 느낄 수 있는 물리적 감각 이상의 것이다. 그는 1992~1993년 로마의 미국 학술원에서 연구할 기회를 얻었을 때 고대도시에 대한 작업에 몰두한 바 있는데 그의 집필에는 부인 사스키아 사센S. Sassen의 내조가 컸다. 오히려 그 반대로 사센이 세넷의 도움을 받았을지도 모른다. 그녀의 저서 『세계도시: 뉴욕, 런던, 도쿄』의 서문에 그와 같은 사실을 밝힌 바 있다. 그뿐만 아니라 사센은 주지하는 바와 같이[2] 세계화 시대의 도시변화에 주목하여 많은 연구업적을 쌓은 바 있으므로 지리학도들에게는 친근감이 가는 학자이다. 그녀는 우리나라에도 다녀간 바 있다.

그의 연구 『살과 돌: 서구문명에서 육체와 도시Flesh and Stone: The Body and the City in Western Civilization』는 아테네 전성기의 도시공간에 관한 설명으로부터 시작하여 하드리아누스Hadrian 황제가 판테온 신전을 완성한 시기의 로마에 초점을 맞추었다. 그 다음의 초점은 살flesh로 표현되는 육체에 대한 기독교의 믿음이 어떻게 중세와 초기 르네상스 시대에 도시설계를 행하였는지에 관한 설명으로 옮겨 간다. 르네상스 시대에 이르러서 비기독교도들과 비유럽인들이 유럽의 도시경제로 진입함에 따라 도시의 기독교도들은 자신들의 공동체적 이상이 위협받고 있음을 느꼈다. 세넷은 1516년 베네치아의 유태인 주거구역Jewish Ghetto의 건설에서 그러한 위협이 나타나는 현상을 간파하였다.

본 장에서는 고대도시로부터 현대도시에 이르는 세넷의 시간여행을 추적하면서, 그의 도시관都市觀을 살피고 지리학적 관점에서 서구도시의 문명을 비평하는 데 초점을 맞춰 보았다. 이를 통하여 도시지리학과 도시사회학적 시각의 공통점과 차이점을 밝히는 것은 물론 세넷의 고유한 학문적 정체성을 탐구할 수 있는 계기의 마련을 기대해 본다.

아테네 도시민

고대 아테네인들에게 자신을 드러내는 행위는 시민으로서의 위엄을 확인하는 것이었으며, 이런 행위는 시민들 사이의 유대관계를 돈독히 하는 역할을 하였다. 이러한 유대관계는 오늘날 '남성의 결합'이라 불릴 수 있는데, 고대 그리스에서 다른 남성에 대한 성적 사랑을 표현하는 단어들은 도시에 대한 친밀감을 나타내기 위해서 사용되기도 하였다.

그리스인들에게 노출과 나체는 도시의 편안함을 의미하는 행위였다. 이와 같은 행위는 페리클레스 시대의 그리스인들이 육체의 내부에 대하여 생각하던 방식에서 그 기원을 찾을 수 있다. 체열은 인간생리학의 주요 열쇠였는데, 자신의 체열을 잘 제어할 수 있는 사람들은 옷을 필요로 하지 않았다. 그러한 이유로 그리스의 생리학은 숲이나 늪에서 사는 야만인들이 도시와 육체에 대하여 자랑스러워하는 그리스인들과 달리 털로 만든 옷을 입었었다는 극명한 대조에서 출발한다. 이는 체열이 사람에 따라 정도의 차이가 있으므로 서로 다른 권리와 도시공간에서의 차이를 암시하는 것이다. 또한 여성은 남성에 비해 차갑다고 여겼기 때문에 나체로 자신을 드러내지 않았다.

이러한 생각은 이집트에서도 마찬가지였다. 신神을 소개한 이집트의 기록물인 쥬밀학Jumilhac 파피루스에는 "뼈는 남성의 특징이며, 살은 여성의 특징이다."라 기술되어 있으며, 뼈의 골수는 정액으로부터, 살의 지방은 차가운 여성의 피로부터 생성되었다고 전했다.

아테네는 성벽으로 둘러친 시가지보다 성 밖의 근교가 더 넓었다. 약 800

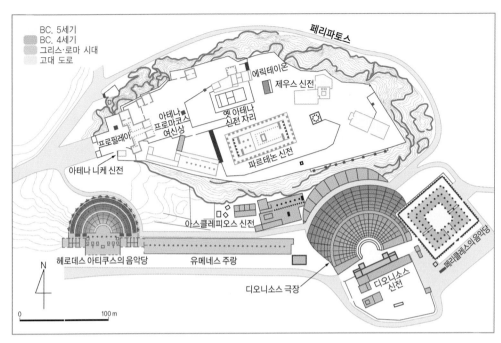

그림 9-1. 아테네 아고라 주변의 도시 확대

평방마일에 달하는 근교는 '코라khora'라 불렸다. 플라톤Platon은 코라를 물
질로 차 있는 공간이라 해석하면서 여성의 이미지를 투영하였다. 이에 대하
여 프랑스의 철학자 자크 데리다J. Derrida는 코라를 수동적 터장소로 해석하
여 주목을 받았다. 이는 곧 중심지 아테네에 대한 배후지hinterland의 개념을
의미하는 것으로 동양의 교郊에 해당하는 용어이다. 당시 중심과 주변을 지
배와 종속의 개념으로 파악한 것은 현대지리학의 개념과 동일하다. 아테네
의 코라는 소보다는 양이나 염소, 밀보다는 보리를 재배하는 데 적합하였
다. 이것은 코라를 더욱 황폐화시키는 요인이 되었고, 코라에서 은이 채굴
되고 성벽이 들어선 후에는 토목·건축사업을 위해 대량의 대리석이 채굴
되었다. 따라서 농업에 투입될 노동력이 부족하였고, 농업경영은 지주와 노

예 한 두명이 일하는 소농의 형태를 띠었다.

그리스의 황량한 자연환경은 농업에 적합하지 못했던 까닭에 척박한 토지에서는 실용성이 최고라는 관념이 뿌리를 내리게 되었다. 이것은 마치 자연환경을 무미건조한 것으로 인식한 히브리 정신과 궤를 같이 하는 전통이다. 오늘날 서양인의 자연관이 그리스 정신과 히브리 정신에 뿌리를 두고 있는 이유이다.

역사가 화이트L. White는 부유한 지역에서조차도 농지에서 살지 않는 한 명을 먹여 살리기 위해 열 명 이상의 노동이 필요했다고 지적하였다. 이에 따라 도시와 근교의 농촌은 긴장된 경제를 유지할 수밖에 없었고, 이러한 양상은 도시의 문명화를 가능하게 만들었다. 그것은 '도시'와 '농촌'이라는 단어의 의미를 심하게 왜곡시켰다. 그리스어의 도시 'asteios'는 '재치 있다'는 의미로, 농촌 'agroiko'는 '어리숙하다'로 번역된다. 도시를 지칭하는 또 다른 그리스어인 폴리스polis는 페리클레스와 같은 아테네인들에게는 단순한 지리적 의미보다 훨씬 더 깊은 의미를 지니고 있다. 즉 모든 사람들이 통합을 이루는 장소로서의 의미를 갖는다. 이는 오늘날 도시를 'urban'이라고 부르는 것과 동일한 맥락이다.

아테네의 서북쪽 성문을 들어서 파나테니아Panathenaia 길을 따라 아고라를 벗어나면 경사가 더욱 가파르기 시작하여 아크로폴리스 입구의 프로필레아에 이르러서는 최고점에 다다르게 된다. 원래 요새로 기능했던 아크로폴리스 언덕은 초기 고전주의 시대에 이르러 폐쇄적이며 신성한 종교영역이 되었다. B.C. 431년경에 완공된 파르테논 신전은 그리스의 다른 신전들과 상이한 형태의 기둥을 배치하였는데, 그것은 아테네 여신상을 내부에 수용하기 위함이었다. 아테네는 성벽 주위의 코라 토지에 의존하여 생존해 나가는 작은 도시라기보다는 해양제국이었기 때문에, 파르테논은 과거의 규칙성을 깨뜨린 신전이었고 도시의 수호여신을 찬양하였다. 아리스토텔레스

Aristoteles는 그의 저서 『정치학Politics』에서 "언덕의 요새아크로폴리스는 과두정치와 일인통치에 적합하며, 평지는 민주주의에 적합하다."고 주장하면서 도시공간의 변화 역시 도시정치의 변화라는 관점에서 이해할 수 있음을 암시하였다. 관청을 도시 전체가 잘 보이는 언덕 위에 입지시키는 권위적 전통은 오늘날에도 지속되고 있다.

아테네 시민들은 아고라의 다양하고 열정적인 삶에 열중하기 위해서 아고라와 가까운 곳에 사는 것을 좋아했다. 그러나 도시국가의 인구 중 상당수는 아고라에서 멀리 떨어진 성 밖의 코라에 거주하였다. 후기 아테네인들은 아고라의 다양성이 그들의 정치적 품위와 진지함을 위협한다는 사실을

그림 9-2. 아크로폴리스: 언덕 위의 아크로폴리스는 종교뿐 아니라 군사적 관점에서도 가장 바람직한 입지였다. 이곳은 요새였으므로 군사적으로 유리했고, 언덕은 신의 존재를 나타내는 자연의 신비로 가득 차있기 때문에 종교적으로도 적합하였다.

뒤늦게 깨달았다. 아리스토텔레스는 그의 저서에서 "물건을 사고파는 시장은 공공 광장과 분리되어 멀리 떨어져 있어야 한다."고 언급하였다. 이는 동양의 전조후시前朝後市라는 주례식 원리와 상치된다. 그렇다고 하여 그가 도시의 다양성에 대하여 적대적이었던 것은 아니다. 그는 "도시는 다양한 부류의 사람들로 구성된다. 비슷한 사람들만으로는 도시는 존재할 수 없다."고 언급하면서 도시적 구성요소의 다양성을 강조하였다.

로마의 도시계획

로마공화국 군대는 B.C. 200년까지 알프스 지방을 제외한 이탈리아 전역을 정복하였다. 그 후, 300년간에 스페인으로부터 페르시아만에 이르는 대제국을 건설하였다. 로마제국은 지배력을 강화시키면서 영토를 확대해 나아갔다. 로마군대는 각지에 항구적인 숙영지宿營地를 구축하였으나, 군사력이 필요 없어지면서 숙영지의 대부분은 도시로 바뀌어 갔다. 그들은 평화와 안전을 유지하기 위해서는 계획된 도시가 군대의 숙영지보다 더 도움이 된다는 것을 알고 있었다. 그리하여 런던 · 파리 · 베오그라드 · 이스탄불 등의 뉴타운을 건설하였다.

로마제국 내에는 붕괴 직전까지 무려 5,600여 개에 달하는 도시가 존재했던 것으로 알려져 있다. 제국의 중심이 되었던 로마를 보더라도 A.D. 2세기 인구는 125~150만 명으로 추산되고, 면적은 A.D. 3세기에 1,200ha에 달하였다. 장대하고 화려한 공공건물과 신전이 곳곳에 건설되었지만, 계획성 있는 도시형태를 갖추지는 못하였다.

B.C. 7세기 경, 테베레 강변에 에트루리아인을 비롯한 몇몇 취락이 발달하였다. 당시 그들은 아치의 원리를 알고 성문과 분묘를 만들었으며, 하수

그림 9-3. 로마 시가지의 복원도: 로마는 계획도시가 아니라 자연발생적으로 성장한 도시였다.

도와 관개수로 공사를 하여 견고한 성벽을 축조하고 주요 가로망을 직교식으로 배열하는 도시계획법을 지니고 있었다. 그러나 로마가 로마인들의 손으로 넘어가자 인구가 증가하고 7개 언덕을 중심으로 시가지가 방사상으로 확대되었다. 질서정연한 계획도시는 로마가 아닌 제국 각지의 도시에서 볼 수 있게 되었다. "모든 길은 로마로 통한다."란 말처럼 로마를 중심으로 제국 전역에 로마 도시를 연결하는 도로망이 건설되었다.

118년 하드리아누스Hadrian 황제는 로마의 캄푸스 마티우스 구역에 새로운 건물을 짓기 시작하였다. 그곳은 원래 판테온이 있었던 자리였다. 판테온Pantheon3은 원통 기반 위에 거대한 반원형 돔의 형태로 설계된 것이었다 그림 9-4. 하드리아누스가 판테온을 건설한지 500년이 지난 609년, 판테온은 교황 보니파키우스 4세Bonifatius에 의해서 기독교회인 산타마리아 아드 마르티레스 성당으로 봉헌되었다. 그 당시 판테온의 건축은 한 편의 드라마와 같았다. 로마제국에서 시각적 질서와 황제의 권력은 불가분의 관계였다. 황제는 자신의 권력이 기념물과 공공사업에서 표출되기를 염원하였다. 다시 말해서 권력이 돌을 필요로 한 것이다. 세넷은 그것을 장소의 이미지에 대한 집착이었다고 해석하였다.

구체적으로 이미지에 대한 로마인들의 집착은 특별한 종류의 시각적 질서를 이용하였다는 것이다. 이는 기하학적 질서였는데, 로마인들은 기하학의 원칙을 이론상으로가 아니라 자신들의 육체로 감지하였다. 당시의 건축가 비트루비우스Vitruvius는 인간의 육체에 대칭성이 있으므로 기하학적으로 구성되어 있음을 주장하였다. 그리하여 그는 육체의 구조가 신전의 건축에 적용되는 방식을 채택하였다. 다른 로마인들도 이와 유사한 기하학적 형상을 좌우대칭성과 선line의 시각적 인지를 중시하는 원칙에 따라 도시를 계획하는 데 이용하였다. 후세인들이 정한 법칙rule이란 용어는 기하학자들이 잣대로 사용하던 척도ruler에서 유래된 말이다.

육체·신전·도시의 선들은 질서정연한 사회의 원칙을 상징하는 것처럼 보였다. 당시의 로마인들은 황제가 건축을 통하여 도시를 모독했던 고통스러운 기억을 가지고 있었다. 벽으로 둘러싸인 정원은 평범한 로마인들이 도시의 중심지를 자유롭게 걸어 다니지 못하게 만들었다. 로마인들은 120피트나 되는 조각상을 비롯하여 정원을 둘러싼 1마일의 아케이드 그리고 1톤에 달하는 네로 황제상皇帝像을 혐오하였다.

로마의 역사가 리비우스Livius는 "신이나 사람들이 도시의 터를 잡는 데

그림 9-4. 기하학적인 판테온의 내부: 대칭으로 설계된 판테온은 원형의 바닥·벽·돔으로 구성되어 있다.

아무런 이치가 없을 리 없다. … 건강을 주는 언덕, 항해할 수 있는 강 … 바다가 가깝지만 적군 함대의 공격에 과도하게 노출되지 않아 유리한 위치가 좋다."고 주장하였다. 실제로 리비우스의 주장이 허황된 지적은 아니다. 로마를 관통하는 테베레 강에는 항구로 개발될 수 있는 삼각주가 있었고, 아울러 상류로 거슬러 올라갈 수 있는 가항하천可航河川은 로마를 외부로부터 보호해 줄 수 있었다. 오비디우스Ovidius는 로마인들에게 "로마의 도시공간은 전세계의 공간이다Romanae spatium est urbis idem."라고 일갈하였다. 당시의 로마는 최상위 계층의 세계도시global city였던 것이다. 아테네는 그들이 정복한 어떠한 민족도 아테네인으로 만들려 하지 않았으나, 로마는 모든 민족을 로마인으로 만들려 하였다. 이것은 로마가 모든 신들을 수용한 것과 대비되는 사실이다.

도시는 정복한 지역의 주민들을 자석처럼 끌어당겨 그 곳에는 부와 권력의 중심에 가까워지길 원하는 이민자들로 넘쳐났다. 인구압은 수평적일 뿐만 아니라 수직적으로도 작용하였다. 가난한 로마인들은 최초의 집합주택인 인슐레insulae에 거주하였다. 인슐레는 여러 차례 증축한 난잡한 건물이었으며, 그 높이가 종종 100피트에 달하는 경우도 있었다. 이것이 아파트라는 공동주택의 원형이었을 것이다.

페리클레스의 아테네와 마찬가지로 하드리아누스의 로마 역시 상당 부분 도시빈민들에 의해 구성된 도시였다. 하드리아누스 시대에 로마에서의 노예들은 페리클레스의 아테네와는 달리 주인의 은혜로, 혹은 스스로의 노력으로 자유를 얻기가 더 용이하였다. 이는 도시의 다양성을 만드는 새로운 원인이 되었다. 또한 도시의 빈민지역에는 변경지역의 전투에 참전할 때에만 생계를 유지할 수 있는 로마제국의 병사들이 있었다.

폼페이에 이어 건설된 로마의 원형경기장은 그리스의 반원형 극장을 두 개 합쳐놓은 형태를 취하였다. 로마인들은 수백 년 동안 원형경기장에서 검투사들의 잔혹한 싸움을 즐겼다. 바튼Barton의 추정에 의하면, 노예·범죄자·기독교인이 첫 시합에서 살아남을 수 있는 가능성은 거의 없었던 반면, 훈련받은 검투사들은 대략 열 번의 시합 당 한 번 꼴로 죽었다. 이러한 잔혹한 쇼로 인해 사람들은 로마제국의 정복을 위한 대량학살에 익숙해졌다. 또

그림 9-5. 로마의 원형경기장 콜로세움 내부

한 원형극장에서는 실제 인간이 신을 흉내냄으로써 로마인들은 신이 나타나기를 염원하였다. 이는 신을 의인화擬人化한 그리스의 영향일 것이다.

로마의 도시 건설

르네상스의 예술가들은 비트루비우스Viturvius의 원에 내접하는 정사각형 안에 더 작은 정사각형의 격자를 그려 넣을 수 있다는 사실을 발견하였다. 비트루비우스 시대에 황실의 도시계획가들은 이러한 기하학적 체계를 적용

그림 9-6. 로마제국의 중심 포로 로마노(Foro Romano)

하여 작은 구획의 토지를 둘러싸는 바둑판 형태의 도로를 건설함으로써 도
시 전체를 설계하였다. 이런 이미 격자형태grid pattern의 도시계획은 로마가
처음 창안한 것은 아니었다. 로마가 세력을 떨치기 오래 전에 메소포타미아
의 도시를 비롯하여 이집트와 중국의 도시들도 이미 격자형태의 도시를 건
설한 바 있다. 그리고 이탈리아 본토의 폼페이에도 바둑판 모양의 도시가
건설되었었다.

　기본적 형태인 격자에 관해서 문제가 되는 것은 개개의 문화가 그것을 적
용하는 방식에 있다. 도시를 건설하거나 정복의 과정에서 파괴된 기존의 도
시를 재건할 경우, 로마인들은 먼저 잉카제국의 '쿠스코'와 같이 육체의 배

꼽에 해당하는 도시의 중심부인 '움빌리쿠스*umbilicus*'라 불리는 지점을 잡으려 하였다. 당시의 도시계획가는 도시의 배꼽에서부터 도시공간에 대한 치수를 그려 넣었다. 판테온의 바닥면에도 이러한 움빌리쿠스가 있다. 이는 정사각형에서 중앙적 위치가 전략적 가치가 있음을 의미하는 것이다. 도시계획가들은 움빌리쿠스의 위치를 정확히 찾아내기 위하여 태양의 이동경로와 별자리를 관찰하였다. 로마의 성곽 내부가 4등분된 이유가 여기에 있다.

또한 로마의 도시계획가들은 마치 영화감독처럼 고정된 심상mental을 가지고 설계에 임하였다. 로마의 정복군대가 새로운 영토를 점령한 순간부터 로마제국의 도시계획은 단번에 도시의 지도를 바꿔버렸다. 그들의 기하학적 이미지는 시간이 지나도 변하지 않았으므로, 도시의 격자는 이러한 도시 건설에 도움이 되었다. 이와 같은 방식의 도시설계는 정복한 영토에 아무것도 없다는 것을 가정한 것이었다.

도시의 중심부는 로마화 되었으나, 주거지역과 주변의 시장은 지역적 전통을 살려 나갔다. 로마가 정복한 그리스의 도시국가에서 로마인들의 전통은 완전히 무시되었다. 왜냐하면 로마의 고급문화는 대부분 그리스에서 유래한 것이었기 때문이다. 정복자들은 도시형태가 야만인을 로마의 방식에 신속하게 동화시킬 것으로 기대하였다. 새로운 도시의 기하학은 정복자들에게 있어서 경제적 중요성을 가진다. 도시를 사분원으로 나누는 것은 땅의 구획이 개인들에게 배분될 정도로 충분히 작아질 때까지 계속되었다. 정복지의 토지를 서열에 따라 정확하게 배분하기 위해서는 격자형 분할이 적합하였던 것이다. 이 분할 방법은 정복지의 도시가 격자형 패턴을 띠게 한 요인이었을 것이다.

로마인들은 좌우로의 움직임에 의해 산만해지기보다는 앞으로 움직이도록 하는 공간을 만들려고 시도하였다. 그리하여 로마의 공간에는 척추가 생기게 되었다. 사람들은 그 척추를 따라 한쪽 끝에서 다른 끝으로 움직일 수 있었다. 로마인들은 여기에 동일한 원리에 입각하여 만들어진 방향성 있는 거대한 직사각형 상자형태의 구조물을 덧붙여 나아갔다. 그리스의 파르테논은 도시의 여러 지점에서 볼 수 있도록 설계된 것에 비하여, 로마의 신전은 정면에서만 볼 수 있도록 설계되었다는 차이점이 있다. 로마의 공간기하학은 육체의 움직임을 규제하였으며, 보고 따르라는 지령을 내린 셈이다.

로마 초기의 기독교인들

기독교의 도래와 함께 육체의 고통은 새로운 정신적 가치를 획득하였다. 기독교인들은 쾌락을 대하는 것보다 고통을 이겨내는 것이 더 중요하다고 생각했을 것이다. 구약성서에 나오는 사람들은 자신을 방랑자라고 생각하였다. 그리고 구약성서의 야훼Yahweh 역시 방랑의 신이었으며, 그의 성약의 궤the Arc of the Covenant는 운반이 가능하였다. 야훼는 장소의 신이라기보다는 신자들에게 불행한 여행에 신성한 의미를 약속하는 시간의 신이었다. 이는 장소에 얽매이는 전통place bound tradition을 가진 동양인과 달리 서양인의 시간에 얽매이는 전통time bound tradition과 관련된 대목이다.

성 아우구스티누스Augustinus는 기독교인의 의무를 '시간을 통한 순례여행'이라 표현하였다. 그는 『신의 도시』에서 "카인은 도시를 건설했다는 기록이 있다. 반면 아벨은 비록 단순히 순례자였으므로 당연히 아무 것도 건설하지 않았다. 왜냐하면 진정한 성자들의 도시는 하늘에 있기 때문이다."라고 기술하였다. 이것은 도시를 '장소로서의 도시'로 인식하지 않는 그들의 단면을 보여주는 것이다.

물리적 장소에 대한 충성이 아닌 이러한 '시간을 통한 순례여행'은 예수가 자신을 위한 기념물 축조를 거절한 것과 그의 제자들에게 했던 예루살렘

사원을 파괴하라는 약속에서 그 근거를 찾을 수 있다. 여기에서 저자는 구약성서의 반환경적이고 비도시적 전통이 신약성서에도 맥이 이어지는 것을 간파하였다.

파리의 노트르담 대성당과 도시발전

로마 도시들이 쇠퇴한 후 공포와 빈곤에 휩싸인 유럽의 풍경은 900년대 말부터 서서히 활기를 찾기 시작하였다. 대부분의 사람들이 거주했던 농촌지역은 성의 구축과 봉건제도의 발전으로 더욱 안전해졌다. 비록 유럽의 도시인구율은 매우 낮았으나, 중세도시들은 교역을 통하여 성장할 수 있었다.

세넷은 1250년 중세 파리에는 도시의 부활을 상징하는 두 개의 랜드마크가 건설되었다고 주장하였다. 그 중 하나가 바로 노트르담 대성당이었다. 파리의 중앙부에 위치한 대성당은 서구문명의 새로운 중심에서 기독교의 위세를 과시하는 심볼이기도 하였다. 파리 시민들은 노트르담 대성당 건설을 건축가 · 조각가 · 유리 세공업자 · 직조공 · 목수 · 은행가의 승리로서 찬양하였다.

고대사회에서는 문명의 경제적 기반을 높게 평가하지 않았으나, 중세사회는 달랐다. 사회학자 베버Weber는 "고대인들이 정치적 인간이 되었다면, 중세의 시민들은 경제적 인간이 되는 중이었다."고 지적하였다.[4] 경제력은 성곽도시에 살고 있던 소수의 시민들에게 자유를 약속하였다. 오늘날 한자동맹이라 불리는 무역도시들을 가보면 도시의 진입문 위에 "도시의 공기가 사람들을 자유롭게 한다Stadt Luft Macht Frei."라고 쓰여진 문구를 발견할 수가 있다.

한자동맹Hanseatic League은 독일 북부의 도시들과 외국에 있는 독일의 상

그림 9-7. 독일 베를린 장벽의 낙서: "도시의 공기가 사람들을 자유롭게 한다"고 쓰여 있다.

업집단이 상호교역의 이익을 지키기 위해 창설한 조직이며, 이들은 13~15세기에 북유럽의 중요한 경제적·정치적 세력을 이루었다. 한자 동맹의 전신은 독일 상인들이 활동한 2개의 주요 지역, 즉 북해 연안의 저지대 및 브리튼 섬과 교역 관계를 갖고 있던 라인란트, 독일인들이 유럽 북동부의 방대한 배후지와 서유럽 및 지중해 지역 사이에서 중개상 노릇을 한 발트 해 연안지역에 있던 지방의 상인단체들이었다. 동맹의 목적은 해적 및 산적을 진압하고, 등대를 세워 항해의 안전을 촉진하며, 수로 안내인 등을 훈련시키고, 무역기지와 독점권을 확립함으로써 교역의 안전을 확보하는 것이었다. 수십 년 뒤 한자동맹의 공격적인 보호무역 정책은 현지 상인들의 반발을 불러일으켰고, 전쟁이 벌어지는 경우도 있었다.

한자동맹은 특별회의를 소집하여 군대를 모집하기로 결정했는데, 이 군

그림 9-8. 1400년대 한자동맹의 영향권을 나타낸 북유럽 지도: 북해와 발트해 연안에 입지한 도시들이 대부분이다.

대가 그 후 결정적으로 덴마크 군을 무찔렀기 때문에 한자동맹은 잠시 덴마크를 지배하게 되었다. 14세기에 한자동맹은 대부분 독일 도시인 100여 개의 도시를 회원으로 거느렸다. 한자동맹에는 정관도 없었고, 육군이나 해군의 상비군도 없었으며, 의회를 제외하고는 관리기구도 없었다. 각 도시의 특유한 이해관계와 지역적인 이익이 공통된 관심사보다 비중이 커지기 시작하자, 15세기 초부터는 정기집회를 소집하는 일도 점점 뜸해졌다. 비非게르만족이 세운 발트 해 국가들의 세력이 점점 커진 것도 한자동맹의 세력을 약화시킨 요인이었다. 한자동맹은 신대륙 발견시대에 서서히 사라졌다. 한자동맹의 집회가 마지막으로 열린 것은 1669년이었다.

솔즈베리의 존John of Salibury은 그의 저서 『폴리크라티쿠스Policraticus』에서 상인을 육체정치학body politics으로 비유한다면 '사회의 위胃'에 해당한다고

그림 9-9. 한자동맹 시절의 수도였던 베르겐: 18세기 초에 세워진 목조건물로 세계문화유산으로 등재
되어 있다.

여겼다. 육체정치학에서는 위를 탐욕스러운 기관이라고 간주했기 때문이
다. 『폴리크라티쿠스』는 중세 저작물의 전반적인 경향이었던 지리학에 대
한 집착 때문에 '사회의 위'에 대한 묘사에 어려움을 느꼈다. 왜냐하면 육
체정치학의 '위'는 끊임없이 내용물을 바꾸는 듯하였기 때문이다.

베버는 중세도시들을 보면서 시장과 무역이 그들 스스로의 일을 처리할
수 있는 권력을 도시에 제공하였기 때문에 "중세도시 공동체는 정치적 자
치를 향유하였다."고 주장하였다. 이에 대하여 도시사학자 피렌Pirenne은
어떻게 도시와 도시 간의 무역이 그 도시들에게 개별적으로 생기를 불어넣
었는지를 설명하고자 노력하였다.[5] 중세도시는 자치적이라기보다는 상호
의존적이었고, 중세의 무역가들은 융통성 있게 행동해야만 하였다. 무역의

그림 9-10. 현존하는 한자동맹 시절의 목조건물

영향으로 과거 로마시대 도시들은 새롭게 태어났고, 인구도 많이 늘어났다. 상인집단들이 군사거점인 성 주변에 모이거나, 소통할 수 있는 자연적인 길의 교차점인 해안가나 강둑을 따라서 도시가 만들어지기도 하였다. 이들은 각각 그들 비중에 맞게 주변의 농촌을 끌어들이는 시장을 형성하였다. 시장은 경우에 따라서는 광역에 걸쳐 영향력을 미쳤다.

중세도시에 거주하는 인구는 매우 적었기 때문에 북유럽의 중세도시라는 개념은 오해의 소지가 있다. 우리가 현재 프랑스라 부르는 곳의 총인구 중에서 파리의 인구는 대략 1%에 불과하였다. 도시 전체에 자선단체가 생겨나고, 궁핍한 사람들이 교회에 모이도록 교회는 바뀌지 않으면 안되었다. 이러한 자선행위는 노트르담 대성당 부근의 물리적 환경을 얼마간 변화시키는 계기가 되었다. 정원에는 구호를 기다리는 사람들로 가득 찼다. 1250

그림 9-11. 시테 섬과 노트르담 대성당: 하중도에 입지한 시테 섬은 도시의 기원지이며 노트르담 대성당 전면이 파리의 지리적 중심지이다.

년에 이르러서는 정원을 가꾸는 긴 전통이 확립되었다.

장식된 정원이 있는 프랑스의 성곽도시들은 9세기 후반부터 등장하기 시작하였다. 파리의 경우는 시테 섬 남쪽에 장식된 정원들의 흔적이 10세기에 나타났다. 원래 도시의 정원에는 도시민을 위한 약초·과일·채소 등이 재배되었다. 그러다 1250년대에 이르러서는 도시 내에서 농사를 짓는 것보다 건물을 짓는 것이 더 이익이었다. 따라서 파리 시민은 파리에 수송된 식품을 구입하는 것이 더 경제적이었다. 시민들은 노트르담의 정원을 빈곤인구의 거센 인구압을 완화하는 장소로 이용하였다.

봉건시대의 주택에서는 개인의 독방이 없었다. 중세의 파리 시민은 개인이 혼자 사용하는 독방의 개념을 알지 못하였다. 당시의 정원은 그늘·미로·연못이라는 3요소에 중점을 두어 설계되었다. 이에 따라 유럽의 정원은 동양의 그것과 달리 기하학적 인공미에 중점을 두는 이른바 프랑스식-데카르트적 정원을 꾸미게 된 것이다. 정원의 나무그늘과 격자형 미로는 휴식을 취하기 위함이었고, 연못은 이용자들의 거울 역할을 하였다. 우물은 파리 시내 곳곳에 만들어져 있었다. 길거리는 대소변과 쓰레기로 가득하였기 때문에 그것들로부터 우물을 보호하기 위해서 건축가들은 우물 벽을 몇 피트 정도 높게 올렸다.

도시는 통제가 덜 되는 공간이었기에 고귀함과 모욕이 뒤섞인 도시공간은 노동의 고귀함을 돋보이게 하였다. 천국까지 도달할 것 같아 보이는 성당의 뾰족탑은 궁핍한 사람들이 도움을 받으려면 도시의 어디로 가야 하는지 알려주는 이정표가 되었다. 최근 한국의 개신교 교회가 첨탑에 네온사인을 설치하는 것도 그런 맥락인지는 불확실하다. 성당은 도시의 지저분함으로부터 안식처를 제공해 주었다. 그리고 노동자들의 근로의식은 노트르담의 정원을 넘어 도시 전체로 확산되어 나아갔다.

상업활동과 도시공간

중세 파리의 혹독한 노동은 도시의 장소place라기보다는 공간space에서 발생하였다. 이 공간은 매매의 공간이었고 매매활동에 의해 형태가 변하는 공간이었으며 사람들이 일하는 공간이었다. 부르주아는 도시공간을 능숙하게 이용하였다. 공간과 장소의 구별은 도시 형태에 있어서 기본적인 것이었는데 그것은 자신들이 사는 곳에 대한 감정적인 애착 이상의 것에 의해 결정된다. 왜냐하면 그것은 시간의 경험과도 관련되기 때문이다.

일반적인 중세도시와 마찬가지로 그 당시 파리는 세 종류의 토지가 있었다. 첫 번째는 견고한 성벽으로 둘러싸인 성내 소수 권력자들이 소유한 땅이다. 예컨대, 파리에서는 돌로 만들어진 성벽이 시테 섬을 보호했는데, 자연적 해자의 역할을 한 센 강도 그 섬을 보호하였다. 이러한 섬의 대부분은 왕실과 교회의 소유였다. 프랑스인들은 그 땅을 '시테cité, 도시'라 불렀다.

두 번째 종류의 땅은 성벽으로 둘러싸여 있지는 않지만, 거대하고 한정된 소수 권력자에 의해 점유된 땅이었다. 프랑스인들은 이러한 영토를 '부르bourg'라 불렀다. 세 번째 종류의 땅은 성벽도 없고 한정된 권력도 없는 고밀도의 땅이었다. 이것은 '코뮌commune'이라고 불린다. 코뮌은 파리 주변부에 점적으로 산재하여 분포하였으며 주로 소규모의 토지를 소유한 주인 없는 마을이었다.

중세 파리는 더 넓은 땅을 성벽으로 둘러쳐 코뮌과 부르의 성격을 변형시킴으로써 다시 태어났다. 성벽은 13세기 초반과 14세기 중반의 두 단계에 걸쳐 확장되었다. 이러한 변화를 기초로 하여 원래의 작고 고립된 시테와 부르 그리고 코뮌에서 비롯되어 도시가 만들어진 것이다. 이것은 시테가 아닌 우리들이 도시라 부르는 시티city였다. 왕은 성벽 내의 부르와 코뮌에 경제적 특권을 허용하고 이를 보장하였다.

도시 성장은 도시의 인프라 정비를 요구하였고, 인프라의 정비는 돌을 필요로 하였다. 르 곡Le Gogg이 지적한 바와 같이[6] 중세 경제의 필수적 역할을 했던 건축의 성황으로 교회·교량·주택 등은 목조에서 석조로 대체되었다. 그러나 파리는 거대한 무역도시였음에도 불구하고 수송을 원활하게 하는 도로 체계가 구비되지 못하였다. 마차가 겨우 통행할 수 있던 당시의 열악한 도로는 중세 말기에 들어와서야 가로망이 갖춰지기 시작하였다.

시테와 부르의 필지筆地는 대부분 개인에게 임대되거나 매매되었다. 그리

그림 9-12. 파리의 시가지 경관

고 왕실과 교회 소유의 토지에는 무엇이든 건축할 수 있는 권한이 건설자들
에게 부여되었다. 파리의 왕과 주교는 왕궁과 교회를 짓기 위해 토지수용권
을 발동하였다. 프랑스의 상류계급 중 어느 누구도 도시가 전체적으로 어떤
모습이어야 한다는 이미지를 갖고 있지 않았다. 도시학자 히어Heer는 이 당
시 도시와 주변건물과 토지에 대해 식민화가 있었음을 지적한 바 있다.[7] 서
로의 건축행위를 둘러싸고 이웃끼리 법정소송을 통해 다투거나 폭력배를
이용하여 이웃건물을 파괴하기도 하였다. 이러한 공격성으로부터 파리의
도시구조가 형성되었다. 즉 뒤엉킨 미로와 좁은 거리, 작은 광장과 막다른

골목으로 인하여 탁트인 조망과 건축선 후퇴는 거의 이루어지지 않았다.

혹자는 중세의 카이로를 비롯한 이슬람 도시와 중세 파리의 도시를 무계획적이고 난잡한 점에서 동일한 것으로 비교한다. 그러나 그것은 이슬람 도시와 파리에 대한 오류이며, 두 문화권의 도시는 뚜렷한 차이를 보이고 있다. 이슬람의 코란은 출입문의 위치와 창문의 공간적 관계에 관한 중요한 지침을 제시하고 있다. 그러므로 중세 이슬람의 도시에서 이슬람교도 소유의 토지는 서로를 고려하는 건물형태의 부합성의 지침에 따라서 개발되어야 하였다. 이에 관해서는 이미 모로코의 페스에 관한 장에서 규명된 바 있다. 그러나 세넷은 하부스*Habous*에 의해 그와 같은 도시구조가 형성된 사실을 간과하였다. 그들에게는 자신의 재산을 도시의 공적 시설을 위하여 기부하는 '하부스 제도'가 있었다.

이슬람 도시와 달리 중세 파리의 건물은 서로를 고려해야 한다는 기독교 혹은 왕실과 귀족의 명령을 따르지 않았다. 각각의 건물은 소유자의 의지에 따라서 창문을 내고 층을 올렸다. 건설자가 다른 건물의 진입로를 차단하는 것은 다반사였으며, 그런 경우에도 처벌받지 않았다. 기독교 신자들로 가득한 파리의 도시에는 이슬람 도시에서 볼 수 있던 하부스와 같은 문화적 질서가 존재하지 않았다. 결과적으로 중세 이슬람 도시와 유럽의 도시는 각각 '무질서 속의 질서'와 '질서 속의 무질서'로 표현될 수 있다.

도로는 사람들이 저마다 권리와 힘을 과시한 결과물로 남은 공간이었다. 파리인의 공격적인 독단은 가로망에 흔적을 남겼다. 고대 주거지역의 벽은 가로를 따라 견고한 장벽 역할을 하였으나, 중세도시에서는 경제활동으로 개구開口를 만들면서 개방적으로 변화하였다. 110년대 초에 도로에 면한 창문이 진열장이나 카운터로 이용되기 시작한 것이다. 상점 간의 경쟁이 치열해짐에 따라 거리의 범죄도 증가하였다.

물론 범죄의 발생을 단순한 경제적 산물로만 볼 수는 없을 것이다. 파리에서 처음으로 의미있는 범죄가 발생한 1405년과 1406년에는 사건의 54%가 격렬한 범죄와 관련이 있었던 반면, 6%만이 절도에서 비롯되었다. 그리고 1411~1420년의 10년 동안에는 사건의 76%가 충동적 폭력이었고, 겨우 7%가 절도였다. 폭력의 가장 큰 원인은 음주에 있었다. 르게Leguay의 연구에 따르면[8] 프랑스의 시골 투렌에서 35% 가량의 살인이나 격렬한 폭력이 음주와 관련되어 있었다. 파리와 같은 도시의 경우는 그 상관관계가 훨씬 더 높았다.

음주의 필요성에는 피치 못할 원인이 있었는데, 그것은 사람들의 체열 때문이었다. 북부 도시에서는 포도주가 난방이 조악한 건물에서 사람들의 몸을 따뜻하게 해주었다. 외부로 굴뚝이 연결된 벽난로는 15세기에 이르러서야 등장하였다. 그 이전에 사용되었던 난로는 연기가 외부로 빠져나가지 못하였고, 일반적인 도시의 건물들은 유리로 된 창문이 거의 없었기 때문에 열이 빨리 흩어져 버렸다. 이런 상황에서 포도주는 추위의 고통을 둔화시키는 마취제 역할을 하였다. 오늘날 프랑스인들이 식사 중에 와인을 곁들이는 것도 그와 같은 습관에서 비롯된 전통이다.

중세의 길드guild는 경제적인 자기파괴에 대처하기 위하여 결성된 제도였다. 동업자 길드는 동일 업종에 속한 모든 직공들을 하나로 묶어 놓은 조합의 일종이었다. 길드의 형태가 쇠퇴되기 시작할 무렵, 변화된 상황에 더욱 적합한 다른 종류의 조합이 번창하기 시작하였다. 이런 중세의 조합이 바로 대학university이었다. 중세에서 '대학'이란 단어는 교육과는 전혀 관련이 없었다. 그것은 독자적인 지위를 가진 특권적 조합을 의미하는 것이었다.

그리하여 중세의 조합은 건물보다는 교수들에 의해 유지되는 교육의 형태를 취하였다. 대학은 자산을 보유하지 못하였으므로 총장이 임대한 방이나 교회에서 학생들을 가르치면서 설립되었다. 교수들은 1209년 옥스퍼드를 떠나 캠브리지를 설립한 것에서 볼 수 있듯이 이동이 자유로웠다. 대학의 자산부족은 역설적으로 대학에 강력한 힘을 부여하였다. 대학에는 헌장이 있었으므로 조합이 결성될 수 있었다. 특권적 헌장을 개정하기 위해서는 언어에 능숙한 사람이 필요하였기 때문에, 헌장의 위력은 실제로 교육과 상업의 세계와 연결되었다.

교수가 학생들에게 일방적으로 불러주는 것을 받아 적던 교수법은 토론식 수업으로 바뀌었다. 토론은 학생들에게 어른들의 경쟁에 끼어들 수 있는 기술을 가르쳐 주었다. 도시에서 청년층의 역할과 지분이 늘어난 것이다. 청장년층의 증가와 그들의 역할증대는 도시에 활기를 불어넣는 계기가 되었다.

인체의 순환기와 도시교통

의학에서는 아테네를 지배했던 '체열의 원리'를 오랫동안 신봉하였다. 그러나 1628년 윌리엄 하비W. Harvey의 『*De motu cordis*』가 출간되면서 혈액순환구조가 발견되어 육체에 대한 혁명적 변화가 초래되었다. 육체에 대한 새로운 발견은 근대 자본주의의 태동과 동시에 일어났고, 개인주의라는 사회변혁을 촉발시켰다. 근대의 개인은 이동하기 쉬운 인간이다. 『국부론』을 저술한 애덤 스미스A. Smith는 하비의 발견에 착안하여 노동과 상품의 자유시장이 생명체 내에서 자유롭게 순환하는 혈액과 기능의 유사하다고 생각하였다. 그는 화폐경제와 교환경제의 장점을 살리기 위해서는 과거의 관행으로부터 벗어나야 한다는 것을 인식하고 있었던 것이다.

사람들은 점차 호모 이코노미쿠스Homo economicus로 살아가는 방법을 취득하게 되었다. 호모 이코노미쿠스는 장소를 위해서가 아니라 공간에서 살아야만 하였다. 상업혁명으로 번창했던 조합은 시간을 공간처럼 다루었다.

현대지리학에서 공간적 상호작용의 메커니즘 중 하나로 꼽히는 울만E. L. Ullman[9]의 이동가능성movability이나 수송가능성transferability은 장소나 그 장소에 존재하는 것들에 대한 자극을 감소시켰다. 셰익스피어의 『베네치아의 상인』 마지막 단락에서 표현된 것처럼, 자유롭게 돌아다니면 그다지 많은 것을 느낄 수 없다는 감각적 인식의 둔감화를 지적할 수 있다.

하비의 연구에 자극받아 윌리스T. Willis는 신경계가 기계적 순환을 통하여 작동하는 방식을 이해하고자 하였다. 육체의 새로운 과학과 도시 간 연결은 하비와 윌리스가 그들의 발견을 피부에 적용하였을 때 시작되었다. 시골 주민들과 달리 도시민들은 배설물을 꼼꼼히 씻어내는 관습이 생겼다. 호흡과 순환의 가치를 실천에 옮기려는 욕망은 도시의 육체적 습관뿐만 아니라 도시의 외형적 경관까지 변화시켰다. 이러한 변화는 1750년 파리 시의 일련의 보건위생법에 따라 자기 집은 물론 도로와 교량의 대변과 오물을 청소하도록 만들었고, 1780년에는 파리 시민들에게 침실용 변기의 내용물을 길거리에 내버리는 행위를 금지시켰다. 계몽주의 도시계획가들은 건강한 육체처럼 자유롭게 순환하는 도시를 설계하려고 시도하였다.

16~19세기에 건설된 주요 신도시는 왕과 왕족을 위한 주거도시이거나 왕의 부재시 왕족들이 기거하는 요새도시였다. 오직 그런 도시에서만 바로크의 도시계획이론이 각 분야에서 제대로 적용될 수 있었다. 바로크 도시는 사실상 왕명으로 건설된 것이었다. 나폴리를 비롯하여 낭시와 에딘버러와 같은 귀족도시에서는 흔히 새로운 교통노선을 따라 도시가 확장되었다. 바로크 시대가 도래하자 도시계획가들은 인체의 효율적인 순환을 위한 간선도로를 구상하게 되었다. 그리하여 18세기에는 교통체계를 혈관체계의 형태로 만들려고 시도하였고 '동맥'과 '정맥'이란 단어가 도로망에 적용되었다. 프랑스에서 혈관의 동맥과 정맥의 원리를 적용하여 일방통행의 원칙이 정당화된 것도 이 무렵의 일이다. 도시학자들은 육체의 동맥이 막혔을 때

고통을 겪는 것처럼 만약 도시 내부의 움직임이 어딘가에서 막히면 순환의 위기를 겪는다고 추론하였다. 이러한 원리는 미국 혁명 직후 워싱턴 D.C.의 도시계획에 적용되었다.

신생국 미합중국은 입지조건이 더 양호한 장소를 피하여 습지대에 수도를 건설하였다. 당시의 도시계획가들은 로마의 도시설계를 부분적으로 원용하여 로마공화국의 고전적 가치를 모방하려고 하였다. 수도건설 계획에 관련한 제퍼슨Jefferson · 워싱턴Washington · 랑팡L'Enfant은 워싱턴 D.C.에 베르사유 · 카를스루에 · 포츠담의 경관을 그대로 도입하려고 시도하였다. 다핵중심적이고 복합용도의 수도건설을 위한 랑팡의 공화주의적 계획은 바로크적이라기보다는 계몽주의적인 도시구조에 순환의 개념을 도입하였다. 그

그림 9-13. 구글 어스로 본 워싱턴 D.C.

의 워싱톤 D.C. 계획은 허파의 기능을 담당하는 파리의 루이15세 광장현재의
콩코드 광장을 염두에 두고 설계되었다.

　워싱턴 D.C 계획의 두드러진 골격은 그림 9–13에서 보는 것처럼 공중에
서 보아야 잘 관찰할 수 있다. 그래야 랑팡의 도시계획에 담겨진 난잡한 방
식이 은폐되고 말쑥하지 못한 빌딩과 고속도로가 감춰진다. 고상하기만 했
던 도시계획을 망친 것은 오피스 공간의 부족과 고도제한의 실패 등에 원인
이 있으며 도심 주변의 철도역을 이전하지 못한 점도 그 원인으로 꼽을 수
있다. 이는 랑팡의 책임이라기보다는 실무진의 몰이해에서 기인한 것이라
고 볼 수 있다.

　순환의 가치는 도시를 지탱하는 기반기능basic function의 제공지인 배후지
의 확보에서 찾을 수 있다. 애덤 스미스는 그의 저서 『국부론』에서 핀 공장
의 예를 들어 분업화와 규모경제를 설명하였다. 그가 말하는 핀 공장은 도
시적인 장소였다. 중세사상가들은 도시의 부가 농촌의 희생에서 나오는 것
으로 보는 경향이 있었다. 이와 달리 스미스는 도시의 발전이 농산품에 대
한 시장수요를 창출하여 농촌경제를 자극한다고 강조하였다. 그는 자급자
족의 경제보다 교환경제를 염두에 두고 있었다. 순환의 가치는 각각의 전문
화된 노동을 창출하는 과정에서 도시와 농촌을, 바꿔 말하면 중심지와 배후
지를 연계시켜 한데 묶어 준다. 그는 노동과 자본의 과정 속에서 가장 세속
적인 노동을 위엄있게 만들고 독립심과 상호의존성을 조화롭게 하는 힘을
발견하였다.

그림 9-14. 구글 어스로 본 파리 콩코드 광장과 그 주변경관

도시의 개인주의

빅토리아 시대의 고급주택지는 근교에 입지하는 경우가 많았고 가난한 저소득층은 도심 근처의 게토에 모여 살았다. 그러나 빅토리아 시대가 지난 20세기 초반 영국 에드워드 시대의 런던은 도시 외곽지대를 배후지로 지배하지 못하였다. 19세기 말 런던을 위시한 주요 도시들이 성장하고 있을 때 국제무역으로 시작된 위기의 희생물로 영국의 농촌은 공동화 현상을 보였다. 영국의 주요 도시에는 미국산 곡물과 호주산 모직물을 비롯하여 이집트와 인도산 면직물이 흘러들어 왔다.

윌리엄스Williams에 의하면,[10] 1871년까지도 총 인구의 절반이 2만 명 미만의 촌락town에 거주하였고, 1/4 정도만이 도시에 거주하였다. 이 계산에 따르면 도시인구의 표준은 10만 명인 셈이다. 그로부터 40년 후인 1911년에는 총인구의 3/4이 도시에 거주하게 되었다. 이들 중 1/4은 대런던권Greater London Orbit에 거주하였고, 황량한 벌판과 침체된 마을은 사람들이 지나간 흔적만 남아있을 뿐이었다.

로마제국의 평화기인 하드리아누스 시대의 로마는 에드워드 시대의 런던과 유사한 규모의 거대도시였으나, 로마가 그 규모로 성장하는 데에는 무려 600년의 세월이 소요되었다. 뉴욕과 베를린 역시 급속도로 성장해 나아갔다. 1848~1945년에 걸친 100년은 인류사에 두 번째 찾아온 '도시혁명'의 시대였다. 이와 같은 빠른 도시성장은 스미스도 예상하지 못한 변화였다. 런던은 지가가 비싼데다가 뉴욕·파리·베를린처럼 대규모 제조업이 기반을 이루는 도시가 아니었고 시장의 중심지도 아니었다. 런던에는 뉴욕이나 파리와는 달리 중앙정부의 조직이 드물었다.

중앙정부의 권력은 도시 중심부의 토지를 사적으로 통제하고 있던 대지주의 소유였다. 런던의 도시 개발은 극빈자들이 거주하던 주택과 상점을 밀어내면서 고급주택을 건설하였다. 여기에는 공공의 개입이나 어떤 규제 없이도 갑작스런 개발이 가능하였다. 특히 귀족지주들은 자유롭게 건물을 지었고, 그들의 도시재생urban renewal은 더욱 슬럼을 양산하고 오히려 군집화하는 결과를 초래하였다.

런던은 파리보다 먼저, 그리고 뉴욕보다 더 광범위하게 계층적 지역분화를 경험하게 되었다. 그 결과, 런던의 도시공간은 더욱 파편화되었다. 산업혁명의 여파가 신대륙에 미친 시기 동안 영국과 미국의 상위 소득층의 부 점유율을 비교해 보면 영국의 부가 극심하게 편중되어 있음을 알 수 있다표 9-1.

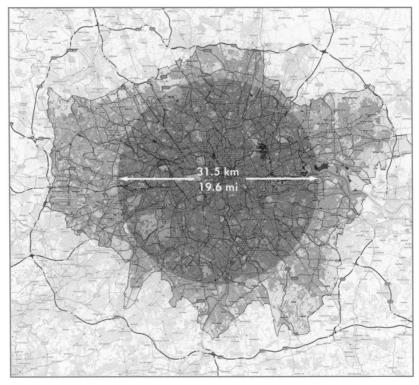

그림 9-15. 대런던권의 공간적 범위: 대런던의 범위는 반경 31.5km를 상회한다.

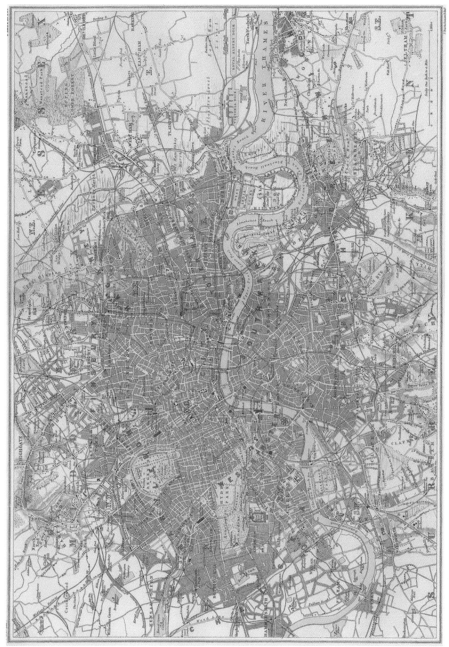

그림 9-16. 런던 시가지

이는 대영제국이 식민지로부터 거둬들인 노획물이 일반 대중들에게 도달되지 않았음을 의미하는 것이다. 그 결과, 영국인들은 미국인이나 독일인들보다 더 계급에 민감할 수밖에 없었다.

도시계획가 오스만B. Haussmann은 혁명이 끝난 1848년 나폴레옹 3세와 함께 파리를 개조할 계획을 수립하였다. 그들은 대혁명을 생생하게 떠올리면서 대중의 움직임을 억압하는 대신에 개인의 움직임을 수월하게 할 수 있는 세 개의 네트워크를 설계하였다. 첫 번째 네트워크는 중세에 건설된 미로형 도로를 마차가 다닐 수 있도록 센 강 부근까지 직선으로 이은 도로였다. 두 번째 네트워크는 성곽 밖의 주변부와 도시를 연결하는 것이었고, 세 번째는 두 네트워크를 연결하는 지선도로였다. 첫 번째 네트워크는 파리의 동맥역할을 하였고, 두 번째는 도시 외곽으로 향하는 정맥역할을 담당하였다. 이에 대하여 세 번째 네트워크는 동맥과 정맥을 모두 포함하는 것이었는데, 세넷은 이를 '이동성의 신 지리학new geography of mobility'이 도시 삶의 모든 것을 헝클어트렸다고 비판하였다. 그 이유는 도로를 만들기 위해 몽마르트 Montmartre 묘지 주변을 통과하여 많은 소송에 휘말렸기 때문이다.

1860년 파리에 편입된 몽마르트 언덕은 파리 시내에서 가장 높은 해발고도 129m의 언덕을 이루고 있어서 파리 시가지를 조망하기에 좋은 장소로, '순교자의 언덕Mont des Martyrs'에서 유래된 지명이다. 12세기에 베네딕트파의 수녀원이 건립되었고, 그 일부인 로마네스크 양식의 생 피에르 성당은 지금도 남아 있다. 2월혁명1848 전에 여기서 정치집회가 열렸으며, 파리코뮌1871도 여기서부터 시작되었다. 1880년경부터 남쪽 비탈면에 카바레 등이 들어서기 시작하였으며, 기슭에 있는 클리시·블랑시·피가르 등의 광

표 9-1. **영국과 미국의 상위 소득층의 부 점유율 비교**

연도	영국		연도	미국	
1806년	1% 상위층	65%	1928년	1% 상위층	20%
	10% 상위층	85%		10% 상위층	66%
1910년	1% 상위층	70%	1946년	1% 상위층	8%
	10% 상위층	90%		10% 상위층	36%

그림 9-18. 파리 시가지와 몽마르트 언덕

장 부근은 환락가가 되었다.

런던에 지하철이 등장한 것을 세넷은 '교통혁명'이라 부르지 않고 '사회혁명'이라 불렀다. 런던의 지하철은 오스만의 네트워크 시스템을 벤치마킹한 것이다. 지하철 건설계획은 시민들을 안으로 불러들이는 만큼 밖으로 내몰기 위해 설계되었다. 1880년대 이르러서는 런던으로 집중되었던 인구가 밀물처럼 빠져나가기 시작하였다. 대중교통수단의 개선으로 소득을 올린 빈민노동자들은 열악한 주택을 마련하여 도시중심으로부터 테임즈 강 남쪽과 도심 북쪽의 캄든 지구로 이주할 수 있게 되었다. 런던의 지하철은 파리의 네트워크처럼 동맥과 정맥의 역할을 담당하였다.

지하철은 1880~1890년대에 백화점이 새롭게 형성됨에 따라 대량소비를

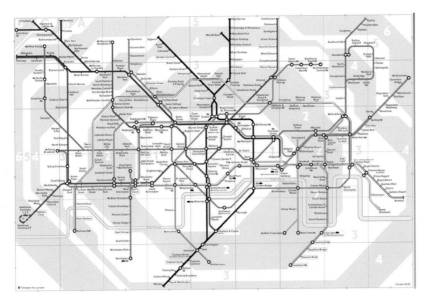

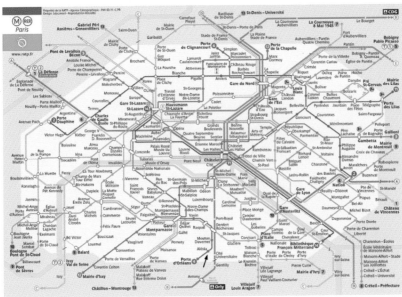

그림 9-19. 런던(상)과 파리(하)의 지하철 노선망

촉진하여 런던의 도심을 형성케 하는 계기가 되었고, 또한 도심의 상주인구를 감소시켜 인구공동화를 유발함으로써 시간지리학time geography이 형태를 갖추는 계기를 제공하였다.

유럽 대륙의 카페는 18세기 초기 영국의 커피하우스에서 유래하였다. 세계에서 가장 오래된 런던의 보험회사 로이즈Lloyds는 커피하우스에서 출발하였고, 그 회칙은 대부분 사교성을 특징으로 하였다. 즉 커피 한 잔의 가격으로 로이드 방에서 누구와도 자유롭게 담소를 나눌 수 있는 권리를 얻었다. 19세기에 들어와서 카페의 고객은 빈민들에게 부담이 되는 음료가격 때문에 중산층으로 바뀌었다. 카페에 가는 사람들은 홀로 앉아 있을 권리를 가진다고 생각하였다. 카페에서 사람들의 침묵은 노동자 계급과는 맞지 않는 것도 사실이었다.

과학기술의 발달로 빌딩 내부에 난방, 조명시설, 엘리베이터 등이 설치되면서 시민들의 움직임은 더욱 빨라졌다. '속도의 지리학geography of speed'과 편리함의 추구는 시민들을 고립시켜 개인주의를 유도하였다. 예컨대, 1925년 뉴욕에 건설된 41층의 리츠 타워Ritz Tower는 당시로서는 상기한 시설이 갖춰진 최고급의 마천루였다. 뉴욕을 설계한 도시계획가들은 토지를 바둑판으로 상상하며 격자형태의 계획을 확장해 나아갔다. 루이스 멈포드L. Mumford는 현대도시의 격자계획에 대하여 "17세기의 부활하는 자본주의는 토지의 필지와 블록, 스트리트street와 애비뉴avenue를 사고파는 추상적 단위로 간주하였다."라고 주장하였다.

프랑스의 지리학자 고트만J. Gottman[11]은 그의 저서 『메갈로폴리스』에서 메갈로폴리스가 '중심지' 또는 '지역의 심장'으로서 중심도시를 파괴할 것이라고 말한 바 있다. 그러나 세넷은 그의 예언이 적중하지 않았음을 지적하였다. 그는 비록 재도시화reurbanization란 용어는 사용하지 않았으나 이민자의 후손들과 여피족들의 도심회귀를 염두에 두었던 것 같다. 또한 유태인

그림 9-20. 로이즈 빌딩(좌)과 리츠 타워(우)

집단주거지역인 게토ghetto를 지적하면서 모든 유태인들이 자수성가하여 근교로 이전한 것으로 알려진 점은 실제 상황을 왜곡한 것이라고 강조하였다. 성공하지 못한 유태인들은 뉴욕의 남동부와 북서부에 다수 잔류해 있다는 것이다. 사실 오늘날은 그렇지 않지만 1920년대 세계 최대의 슬럼이었던 뉴욕의 할렘Harlem가에는 흑인보다 유태인과 그리스인들이 더 많이 거주하였다.

뉴욕은 과거의 게토 공간을 새로운 이민자들로 채웠다. 브루클린에서는

그림 9-21. 맨해튼의 할렘가: 최근에는 일부 구역에서 젠트리피케이션이 진행되고 있다.

러시아계 유태인과 폴란드계 유태인들이 이전 세대에 유태인들이 왔다가
빠져나간 공간을 다시 채웠다. 그리고 도심 전체에서 이전의 중산층이 차지
했던 곳에는 백인들로 구성된 여피족들이 일정한 흐름을 타고 유입되고 있
다. 이들은 젠트리피케이션gentrification을 일으키는 주역이 되고 있으며, 이
에 관해서는 이미 알론소W. Alonso[12]의 이론으로 설명된 바 있다. 그는 도시
확대의 패턴을 역사이론historic theory과 구조이론structural theory으로 나누어
설명하였는데, 그는 젠트리피케이션의 발생을 두 이론 모두에서 설명한 바
있다. 세넷은 베네치아의 게토를 고찰하면서 이를 기독교도들이 만든 산물
로 인식하였다. 그는 이교도異敎徒의 역사가 가진 오래된 진리를 육체가 도

그림 9-22. 뉴욕의 맨해튼 북쪽 경관

시에서 무엇을 경험하는지를 통해 다른 방식으로 알려주고 있다.

유럽과 북미의 도시경관은 빌딩의 높이에서 차이가 난다. 유럽의 도시에 빼곡하게 들어찬 빌딩은 대부분 중·근세에 건설된 건축물이므로 재개발이 불가능하도록 조례가 엄격하게 적용되고 있다. 그런 까닭에 유럽도시의 기성시가지는 6~8층 정도의 중층 빌딩으로 채워져 있다. 20세기에 들어 상업·업무기능이 급속도로 성장하면서 공간에 대한 수요가 폭증하게 되자 유럽도시들은 시가지 외곽부에 고층빌딩을 세우기 시작하였다. 이와 더불어 고층 아파트들도 건설되기 시작하였다.

그 대표적 사례를 파리의 라데팡스와 런던의 도크랜즈에서 찾아볼 수 있다. 라데팡스La Defense는 파리 시내 서쪽의 현대적인 건물들이 밀집해 있는 지역으로, 오피스 빌딩들뿐만 아니라 호텔, 아파트, 상가, 레스토랑, 카페

그림 9-23. 파리의 라데팡스: 구시가지에서 바라본 경관

그림 9-24. 런던의 도크랜즈: 템즈 강 건너편 그리니치에서 바라본 경관

등이 들어서 있다. 라데팡스는 도크랜즈와 마찬가지로 신도시라기보다는 오히려 파리의 부도심에 가까운 역할을 하고 있다. 그리고 런던 시티의 동쪽에 위치한 도크랜즈Docklands는 재개발사업을 시행하여 초고층 빌딩을 건설하고 업무 및 주거공간을 확보하였다. 도크랜즈의 재개발로 런던은 도시 경쟁력을 유지할 수 있게 되었다.

:: 주 해설

1] Sennett, R., 1996, *Flesh and Stone: the Body and the City in Western Civilization*, W. W. Norton & Company, New York.

2] Sassen, S., 2001, Global Cities and Global City-Regions: A Comparison in A. J. Scott(ed.), *Global City-Regions: Trend, Theory, Policy*, Oxford University Press, New York, 78-95.

3] 판테온은 118~128년경 하드리아누스 황제 때 건축되었으며 다신교였던 로마의 모든 신들에게 바치는 신전이다.

4] Webern M., 1958, *The City*, The Free Press, New York.

5] Pirenne, H., 1946, *Medieval Cities*, Princeton University Press, Princeton.

6] Le Gogg, J., 1988, *Medieval Civilization*, 400-1500, Basil Blackwell, Cambridge, MA.

7] Heer, J., 1990, *La Ville au Moyen Age*, Fayard, Paris.

8] Leguay, J-P, 1984, *La rue au Moyen Age*, Rennes, Paris.

9] Ullman, E. L.,1980, *Geography as Spatial Interaction*, University of Washington Press, Seattle.

10] Williams, R., 1973, *The Country and the City*, Oxford University Press,

Oxford.

11] Gottman, J., 1961, *Megalopolis*, Twentieth Century Fund, New York.

12] Alonso, W., 1964, The Historic and Structural Theories of Urban Form: Their Implications for Urban Renewal, *Land Economics*, 40, 227-231.

후기

　본서는 저자가 지리학자의 눈으로 살펴본 도시의 역사를 설명한 것으로 오랫동안 역사도시를 답사하며 연구한 기존의 논문을 토대로 이해하기 쉽게 집필한 것이다. 답사한 도시들은 터키의 차탈휘위크를 비롯하여 이탈리아의 폼페이와 베네치아, 크로아티아의 두브로브니크, 모로코의 페스, 멕시코의 테오티우아칸, 페루의 마추픽추 그리고 중국 시안 등이다. 이밖에도 메소포타미아를 비롯한 여러 지역의 고대도시들도 답사하였으나 준비 부족으로 논문으로 만들지 못하여 본서에 포함시키지 못한 것이 못내 아쉬움으로 남아 후일을 기약하고 싶다. 여기에 본서의 바탕이 된 논문들을 밝혀두는 바이다.

제1장: 1999, "터키 아나톨리아의 선사취락," 한국도시지리학회지, 2(2), 47-59.

제2장: 2003, "이탈리아 고대도시 폼페이의 도시구조," 한국도시지리학회지, 6(2), 9-29.

제3장: 2007, "메소아메리카 테오티우아칸의 기원과 성쇠," 한국도시지리학회지, 10(1), 1-13.

제4장: 2009, "잉카제국과 고대도시 마추픽추의 성쇠," 한국도시지리학회지, 12(2), 1-17.

제5장: 2011, "고대도시 장안성의 입지적 의미와 도시구조," 한국도시지리학회지, 14(1), 1-17. (공저)

제6장: 2010, "Origin and Formation of Jewish Ghetto in the Middle Age Venice," *Journal of the Korean Urban Geographical Society*, 13(1), 109-121. (공저)

제7장: 2008, "크로아티아의 성곽도시 두브로브니크의 성쇠," 한국도시지리학회지, 11(2), 1-12. (공저)

제8장: 2010, "이슬람 중세도시 페스의 도시경관 형성과정," 한국도시지리학회지, 13(2), 73-87.

제9장: 2010, "Sennett의 '살과 돌'을 통해 본 서구도시문명의 특징," 한국도시지리학회지, 13(1), 123-136.

[저자 약력]

서울대학교 사범대학 지리과 졸업

서울대학교 대학원(M.A.)

일본 쓰쿠바대학 대학원(M.S. 및 Ph.D.)

고려대학교 조교수 · 부교수

일본 쓰쿠바대학 외국인 교수

미국 미네소타대학 방문교수

대한지리학회 편집위원장

한국도시지리학회 회장 역임

서울시 수도발전위원 및 글로벌도시 심의위원, 행정안전부 지역발전분과위원

국무총리실 세종시 민관합동위원

제1회 도시학술상 수상

현, 고려대학교 사범대학 지리교육과 교수

[주요 논저]

도시공간구조론

글로벌시대의 세계도시론

세계화시대의 도시와 국토(공저)

서울의 도시구조변화(공저)

경제 · 금융 · 도시의 세계화(공저)

한국의 도시(공저)

도시구조론

도시개발론(공저)

首都圏の空間構造(공저)

日本の生活空間(공저)

Diversity of Urban Development and Urban Life(공저)

찾아보기 -사항색인

찾아보기 -지명색인